NATHALIE SCHALLER
mit Lennart Will

Der Stoff, aus dem die Freiheit ist

Die Geschichte meines humanitären Modelabels [eyd] –
und warum es sich lohnt, mutig zu sein.

Nathalie Schaller
mit Lennart Will

Der Stoff aus dem die Freiheit ist

Die Geschichte meines humanitären Modelabels [eyd] —
und warum es sich lohnt, mutig zu sein.

adeo

Für Elisa und Tilly.
Und für alle, die (noch) an sich zweifeln.

„Hoffnung ist nicht hauptsächlich
eine Sache theoretischer Einsicht
und ausreichender Argumente.
Es ist eine Qualität des Handelns
und des Herzens.“[1]

Fulbert Steffensky

INHALT

Elf Jahre in fünfzehn Minuten

Ich stehe inmitten von Menschen im Flughafen Marrakesch-Menara. Die Anzeige über mir zeigt „Stuttgart, Abflug in 97 Minuten". Und wir haben keine Tickets.

Es ist keine Katastrophe. Aber es bringt unnötigen Stress in diese letzten Minuten eines sonst so perfekten Urlaubs. Einen Monat Auszeit haben wir uns nach der Geburt unserer zweiten Tochter genommen. Marokko, Wüste, Strand, Surfspots, bunte Märkte, Kinderlachen, Kinderheulen, ruhige Tage, keine Termine, viele Fotos. Wild unterwegs. Aber jetzt geht es nach Hause.

„Sch*** Billigfluglinien!", reflektiere ich kurz und still unsere Entscheidung für den billigsten Anbieter. Der Preis hat mal wieder gewonnen. Dafür muss man sich aber auch um alles selbst kümmern. Kapitän und Kerosin ausgenommen... hoffentlich. Und sollte natürlich nicht vergessen, selbst online einzuchecken und sich die Tickets auszudrucken. Willkommen im digitalen Zeitalter!

Dabei ärgere ich mich nicht nur über unsere schwäbische Wahl an sich, sondern vielmehr darüber, was sie mir aufzeigt: dass ich selbst eben auch „Ja" zum Discount sage, wenn der Rabatt nur groß genug ist und die Fluglinie, zugegeben, quasi vor der Haustür abfliegt. Gerade ich, der ihre Freundinnen nicht mehr getrauen zu sagen, wenn sie mal bei H&M ein Schnäppchen gemacht haben. Ich, die, wenn es um Mode geht, seit Jahren keine Kompromisse mehr kennt. Aber wenn es ums Fliegen und Reisen geht...

11

Was müssten wir nicht alles ändern, angefangen bei uns selbst, wenn wir *wirklich* fair sein wollten, auch dem Klima gegenüber? Wo fangen wir an? Wo hören wir auf?

Doch jetzt stehe ich hier, auf Stand-by, und kann gerade gar nichts tun, außer auf meine zwei Töchter aufzupassen und ruhig neben dem Schalter zu warten, wo uns die Angestellte der Fluglinie nett, aber kompromisslos auf den fehlenden Check-in aufmerksam gemacht hat. Simon ist vor zehn Minuten losgelaufen und sucht den ganzen Flughafen ab, um die Standardprozedur, von der wir nichts wussten, nachzuholen und die Tickets aufzutreiben. Und er wird es schon schaffen. Da muss mehr kommen, um mich in echte Unruhe zu versetzen. Zumal die Tiefenentspannung der letzten vier Wochen noch anhält.

Die kleine Tilda, wir nennen sie Tilly, liegt bei mir im Arm. Neben mir, drei Köpfe weiter unten, steht unsere „Große", Elisa, blickt in ihrer typisch aufgeweckten Art umher, mustert die Fluggäste in den Warteschlangen neben uns.

Ich tue es ihr gleich. Links geht es nach Athen, rechts drängt eine lange Schlange Richtung Paris. Hm, Paris wäre auch mal wieder schön. Gedankenverloren schaue ich mir die Menschenreihe an. Da sehe ich plötzlich ein vertrautes Gesicht, nur fünf Meter entfernt. Groß, dunkle Haare, stahlblaue Augen... den Typen kenne ich doch. Aber woher? Ist das...

„Aaaandrew?! Is that you?!"

Der Mann dreht den Kopf zu mir, sieht mich verblüfft an, doch schon lese ich in seinen Augen den Blick des Wiedererkennens. Seine Augen werden größer und ein kumpelhaftes Lächeln zieht sich über sein ganzes Gesicht.

„Whoa, Nathaly! Unbelievable!"

Unglaublich. Andrew. Zwölf Jahre haben wir uns nicht gesehen und doch erinnert er sich direkt an meinen Namen. Und strahlt gleichzeitig diese Ruhe aus, die ich noch gut von ihm kenne.

Ich mache ein paar Schritte auf ihn zu, wir umarmen uns über das Absperrband hinweg und ich mache ihn mit Tilly und Elisa bekannt, die ihm schüchtern die Hand gibt. Ringsum nehme ich die freundlichen Gesichter der anderen Passagiere wahr. Sie scheinen sich mitzufreuen über dieses unverhoffte Wiedersehen.

Da sehe ich aus dem Augenwinkel Simon heranspringen. Er winkt mit den Tickets. Halleluja!

„Na, schon wieder am Fremde-Leute-Anmachen?", flapst er, gleichzeitig mit echter Verwunderung auf der Stirn, läuft aber direkt zum Schalter weiter, um uns einzuchecken. Schnell geben wir unser Gepäck auf und verabreden uns mit Andrew, der seinerseits auf seine Frau wartet, auf einen Kaffee in einer anderen Ecke des Flughafens. Nach wenigen Minuten treffen wir uns dort wieder und die Unterhaltung wird umso feierlicher.

„Das sind Andrew und Sarah", kläre ich meinen Mann schnell auf. Die Namen sind ihm aus früheren Erzählungen von mir ein Begriff. 2008 hatte ich mich für einige Zeit der Organisation YWAM angeschlossen und unter anderem Australien und Kambodscha bereist. Die beiden, ein Ehepaar aus Kanada, waren die Leiter unserer „Homebase" an der australischen Ostküste, etwas nördlich von Brisbane, gewesen. Drei Monate hatten wir dort zusammen verbracht, Workshops und Einsätze vorbereitet. Drei Monate, während derer ich die Weichen für mein Leben neu stellen sollte. Und in denen der Zug, von dem ich erzählen werde, ins Rollen kam.

Später hatten Andrew und ich nur noch einige wenige Male über Facebook Kontakt und ich hatte verfolgt, dass die beiden mit ihren Kindern zurück nach Kanada gezogen waren. Wie wir hatten sie Urlaub in Marokko gemacht und traten ausgerechnet heute ihren Rückflug über Paris in die Heimat an.

Noch immer können wir den Zufall kaum fassen. Es ist nicht das erste Mal, dass sich meine Wege so unvermutet mit denen alter oder wichtiger neuer Freunde kreuzen. Im Gegenteil, wie sehr sind die letzten Jahre von zunächst zufälligen Begegnungen geprägt und sogar abhängig gewesen. Aber in Marrakesch?!

„Nathaly, what are you up to? Wie ist es dir ergangen?", bringt Andrew das Gespräch in Fahrt. Schließlich beginnt für beide Flüge bald das Boarding und wir müssen alle noch durch die Sicherheitskontrollen. Uns bleiben nur 15 Minuten.

„Und was ist aus deiner Vision geworden?", setzt er nach. Und wir alle wissen, was er meint.

„Well...", will ich beginnen, halte aber kurz inne. Wie soll ich diese Fragen in der kurzen Zeit beantworten? Was ist nicht alles passiert in den letzten elf Jahren! 2008 war ich am Ende meines Studiums gewesen, unwissend, dass etwas Besonderes in meinem Leben geschehen, dass irgendetwas Größeres auf mich warten könnte. Was ist alles seitdem geworden? Ein Ring am Finger, ein Mann an meiner Seite, zwei Kinder am Rock. Und ein Modeunternehmen, das es eigentlich gar nicht geben dürfte.

Elf Jahre in 15 Minuten. Ich nehme einen tiefen Atemzug.
Dann mal los.

KAPITEL 1

Was kann ich eigentlich richtig?

Es war schon immer so, dass ich vieles irgendwie gut konnte, aber in nichts hervorstach. Ich spielte klassisches Klavier, ohne Leidenschaft, aber nach Noten. War sportlich, aber nicht besonders engagiert. Notendurchschnitt in der Schule: in fast allen Fächern eine Zwei. Gut, aber nicht sehr gut.

Ich weiß, dass es vielen so geht: Man schafft es nicht, allein anhand der Schulbildung, geschweige denn anhand von Noten, seine wahren Begabungen zu erkennen. Für einen grundsätzlich leistungsorientierten Menschen wie mich war das frustrierend. Ich wollte einmal in irgendetwas richtig gut sein. Doch es steckte noch mehr dahinter: Ich suchte meine Identität, wollte mich zugehörig fühlen zu einer bestimmten Welt, bestimmten Themen, statt überall ein bisschen mitzumischen.

Für mich war zwar klar, ich bin nicht meine Noten. Aber wer war ich dann? Als ich in den späteren Teeniejahren zu überlegen anfing, wo es für mich beruflich hingehen könnte, kamen zwei Richtungen infrage. Zum einen hatte ich in einer AG meines Lieblingslehrers mein Interesse für Psychologie entdeckt. Damals gab es im Fernsehen viele Talkshows, in denen kleine Streitigkeiten geschlichtet wurden. Am Ende hatten sich immer alle lieb. Das fand ich, ein ausgemachter Harmoniemensch, gut und ich hätte in Zukunft gern meinen Beitrag zu gelingenden Beziehungen geleistet.

Zum anderen war da die Kunst. Zwar attestierte mir mein Zeugnis auch hier kein herausragendes, sondern nur ein „gutes" Talent. Doch schon als Kind hatte ich stunden- und tagelang vor mich hin gemalt, und dieser kreativen Ader wollte ich weiter folgen. Trotz meiner gefühlten Durchschnittlichkeit war also klar: Kunst oder Psychologie, kreativ oder menschlich, bunt oder tief. Ich war froh, zwei Motivationen in mir zu spüren.

Für meine Eltern war es leider ein zweifaches Tabu. Ich komme aus einer Unternehmerfamilie. Finanzielle Unabhängigkeit, wurde mir beigebracht, war das wichtigste Ziel im Leben. Kunst oder Gestaltung als Beruf? Davon konnte man doch nicht leben. Es gab damals in unserem Umfeld noch keine Beispiele, die das Gegenteil belegten. Auch ich selbst hatte keine Vorstellung von der Vielfalt kreativer Berufe, also auch keine guten Argumente. Und wenn ich sagte, dass es mir eben einfach Freude machen würde, hielt mein Vater eisern dagegen mit Totschlagargumenten wie: „Irgendwann wirst du den Spaß daran verlieren", „Behalte es gern als Hobby, aber als Beruf lernst du was G'scheits, Mädle!" oder „Wer Psychologie studiert, wird doch irgendwann selbst zum Psycho".

Als erwachsene Frau frage ich mich heute, warum ich mich von diesen „Argumenten" habe einschüchtern lassen. Es könnte mich beruhigen, dass wohl in vielen Familien Ähnliches passiert. Je nach Prägungen und Berufstraditionen werden den Kindern eben manche Optionen näher gelegt als andere. Aber muss es so sein? Und wie weit darf das gehen? Müssen Kinderträume wirklich schon an den Regeln und Klischees scheitern, die in der Familie gelebt werden? Werden nicht draußen vor der Tür noch genügend Hindernisse und Entmutigungen warten?

Meine Erfahrung lehrt mich, dass viele junge Menschen nicht das Selbstbewusstsein haben, sich gegen Denkschablonen zu stellen. Es ärgert mich, wenn ich darüber nachdenke, wie viele zarte Wünsche oder nur Erwägungen wohl zerbrechen, nur weil sie nicht in jene Schablonen passen. Kinder und Jugendliche brauchen offene Gespräche, in denen man gemeinsam alle Möglichkeiten durchgeht. Ich hoffe, ich werde das bei meinen eigenen Töchtern schaffen, wenn sie ihre Ideen auf den Küchentisch packen. Ich möchte nicht Richterin sein, sondern Gesprächspartnerin.

Doch zurück zur Verhandlung: Was mich wirklich interessierte, war ein Tabu. Und so waren Tür und Tor dafür geöffnet, dass meine Eltern mir stattdessen ein Jurastudium anpreisen konnten.

Die Idee kam nicht von ungefähr. Als ich auf die Welt kam, studierte mein Vater selbst noch Jura. Er war gerade im letzten Semester, die junge Familie brauchte Geld und so etablierte er sich relativ schnell in unserer Heimatstadt als Anwalt. Als ich zehn Jahre alt war, eröffnete er eine eigene Kanzlei und beschäftigte bald mehrere Fachanwälte.

Die Kanzlei war nicht nur ein Erfolg, sie war ein echtes Familienprojekt. Mein Vater kam damals zu jedem Mittagessen nach Hause und zu fast jedem Mittagessen war seine Arbeit Gesprächsthema. Eine juristische Grundausbildung hatte ich dadurch quasi schon genossen. Und natürlich war mein Platz in der Kanzlei ebenfalls vorgezeichnet.

Aber ein Jurastudium hat so gar nichts mit Psychologie oder Kunst zu tun, hielt am Anfang noch eine Stimme in mir dagegen. Doch ich bekam Angst, was passieren würde, wenn ich, die ja keinen Plan hatte, einfach nur meinen Intuitionen statt dem Rat meiner Eltern folgen würde. Ich fühlte mich mitverantwortlich für das Familienprojekt. Außerdem wollte ich nicht undankbar sein. Dass ich versuchte, nicht meine, sondern die Ängste meiner Mutter zu besänftigen – nämlich die um meine Sicherheit –, und dass ich mich nicht mehr für *meine* Träume verantwortlich fühlte, sondern für die meines Vaters, war mir damals noch nicht bewusst.

Zwei Schuljahre lang debattierten wir die Vor- und Nachteile eines Jurastudiums hoch und runter, am Ende gewannen die Argumente meiner Eltern: „Die Juristen sitzen überall. Die ganze Welt steht dir offen. Und wenn du willst, kannst du später als Anwältin die Kanzlei übernehmen und gutes Geld verdienen."

Vermeintlich große Freiheiten, finanzielle Sicherheit und eine klare Perspektive – sehr logisch, sehr deutsch, sehr schwäbisch. Was will man mehr als junge Frau? Und meine Eltern hatten ja mehr Erfahrung als ich. Sie mussten doch wissen, was gut für mich war, oder?

KAPITEL 2

Nicht meine Gerechtigkeit

Eine der renommiertesten juristischen Fakultäten in Deutschland lag direkt vor unserer Haustür. Also zog ich in eine überteuerte, kleine Einzimmer-Studentenwohnung in Tübingen, nur zwanzig Kilometer von meinem Elternhaus entfernt. Yeah, yeah, yeah! Das Haus lag nur drei Minuten zu Fuß von der Fakultät. Und es war voll mit Juristen und BWL-Studenten. Hier also würde ich die nächsten vier Jahre meines Lebens verbringen – wenn es schnell ging. Und das wollte ich: nur schnell durch hier. Von gespannter Vorfreude auf die Vorlesungen keine Spur.

Einen kleinen Funken Hoffnung hatte ich allerdings mitgebracht: Ich hatte herausgefunden, dass man in Jura auch Vorlesungen in Mediation wählen konnte, also Streitschlichtung, das war ja quasi Psychologie. Schön wäre es gewesen, damit tatsächlich einen grünen Zweig zu haben, an dem ich mich durch einen der anstrengendsten Studiengänge, den deutsche Unis zu bieten haben, hätte hangeln können. Doch schon bald, als ich die erste Vorlesung in Mediation besucht hatte, musste ich mich von diesem Notanker verabschieden. Hier ging es nicht um persönliche Beziehungen wie damals in den omnipräsenten Talkshows, sondern um Rechtslagen. Auf juristischem Gebiet helfen Mediatoren, einen Mittelweg zwischen den Positionen zu finden und damit vor allem teure Urteile zu vermeiden, also Kosten zu sparen. Im besten Falle vermeiden Leute dadurch langwierige Schlammschlachten, aber es geht überhaupt nicht darum, dass sie sich als Menschen wieder annähern.

Das war nicht die Mediation, die ich mir naiverweise vorgestellt hatte. Schon sah ich mich die nächsten Jahrzehnte Interessen verwalten, statt den Menschen dahinter wirklich weiterzuhelfen, wenn ich auf diesem Dampfer weiterfuhr. Denn war es nicht das, was ich eigentlich wollte? Menschen zu helfen, auf eine unbürokratische, lebensnahe, vielleicht sogar coole Weise?

Stattdessen arbeitete ich mich, nun endgültig desillusioniert, von Semester zu Semester durch öde Gesetzeswüsten und Vorlesungen, die mich nicht interessierten, immer Ausschau haltend nach etwas, was mich doch noch für den Beruf als Juristin begeistern könnte – schließlich würde ja auch nach meinem Studium nichts anderes auf mich warten.

Aber nichts an Jura traf meinen Nerv. In den Vorlesungen nahmen wir die Dinge des täglichen Lebens auseinander, Kaufverträge, Schadensersatzansprüche, Grundstücksverhältnisse. Es ging um kleine Gerechtigkeiten, wenn man so will. Ich hörte mein Herz leise schlagen, aber nicht im Takt. Es schlug für eine größere Gerechtigkeit.

Was mich noch mehr störte als die „kleinen" Rechtsgegenstände, war das Rechtsverständnis, das unseren täglichen Falldiskussionen zugrunde lag. Was gilt als gerecht? Ein gewichtiges Dogma hinter den Rechtswissenschaften ist der Rechtsfrieden, den es zwischen den Parteien herzustellen gilt. Es geht, knapp ausgedrückt, darum, dass eine Sache einfach zur Ruhe kommt und Ordnung hergestellt wird. Und wie schon bei der Mediation erschien mir der Weg zu diesem Rechtsfrieden oft nicht mehr als ein einziger Kuhhandel.

Innerhalb des Rechtssystems war das zwar wichtig, mir aber zu wenig. Mir ging es darum, was ich als richtig empfand, um die Maßstäbe, nach denen wir auf dieser Welt miteinander leben wollen, und ich wusste, es gibt genug, das nicht recht und richtig läuft.

Die Gerechtigkeit, an der mir etwas lag, hatte also nicht viel mit Jura zu tun. Das war eine harte Erkenntnis. Am Weltethos-Institut wäre ich besser aufgehoben gewesen... ach, ich hätte im Eine-Welt-Laden Bananen verkaufen können und wäre glücklicher gewesen. In den juristischen Berufen hingegen, so meine Erfahrung, ist es sogar hinderlich, ein zu starkes Gerechtigkeits*empfinden* zu haben. Man darf – paradoxerweise – nicht ständig nach dem Recht oder gar Frieden in einem höheren und tieferen, gar emotionaleren Sinne fragen. Bist du zu sensibel für diese Fragen, gehst du ein als Anwältin oder Richterin. Das heißt nicht, dass es mehr Eisschränke unter Juristen bräuchte. Aber man muss locker bleiben, um am Gesetz entlang handeln zu können. Ich konnte mir nicht vorstellen, wie ich je als Anwältin arbeiten sollte!

Ich war wohl etwa fünf Jahre alt, als mich meine Kindergärtnerin nach dem Beruf meiner Eltern fragte und ich antwortete: „Mein Papa geht in die Rechtsverwandlung und lügt, damit er Geld verdient." Noch Fragen?

Kinder nehmen eben kein Blatt vor den Mund. Und manchmal sollten wir ihnen dankbar dafür sein. Ich kenne meinen Vater zwar nur als rechtschaffenen Menschen, aber das war die Definition von seinem Beruf, die ich mir zusammenreimen konnte. Und so kindlich diese Überzeugung war, sie änderte sich auch in den nächsten zwei Jahrzehnten in ihren Grundzügen nicht. Mein Vater brachte ja tagtäglich Fälle mit nach Hause an den Küchentisch. In meinen Augen ging es dabei stets um Interessenvertretung, nicht darum, Wahrheit zu finden und wirkliche Gerechtigkeit herzustellen. Wirkliche Gerechtigkeit brauchte irgendwie mehr als Urteile, Vergleiche, Strafen und Ausgleichszahlungen.

Meine Haltung weichte zwar ein wenig auf durch Praktika und Begegnungen mit Richtern und anderen Juristen, die allesamt einen sehr guten Job machten. Doch selbst im Gerichtssaal herrschte nach meinen Beobachtungen nicht das Interesse, dass alles wahrheitsgemäß auf dem Tisch lag, sondern nur, wie jeder die meisten Vorteile – im Rahmen des Rechtsfriedens – für sich herausholen konnte. Nein, vor Gericht zu ziehen, war nichts, was mein Herz höherschlagen ließ. Bis heute nicht.

Und so suchte ich weiter verzweifelt meinen Platz auf einem Gebiet, auf dem ich mich umso fremder fühlte, je länger ich es studierte und Einblicke in die Praxis sammelte. Egal ob beim Richter, beim Anwalt oder in der Verwaltung, ich erkannte mich in keinem der Berufe wieder, fühlte mich nirgends richtig, konnte mir nichts auf Dauer vorstellen. Ich wollte, aber es passte einfach nicht.

Ich trieb dahin. In einem Strom mit Hunderten anderen Jurastudenten. Und ich beneidete sie alle. Sie strahlten aus, dass sie wussten, was sie machen wollten. Und genau das brauchst du, um dieses Studium durchzuhalten: ein Ziel. Du musst wissen, warum du dir Jahre des Büffelns, Paukens und Ellbogenausfahrens antust. Ich war gefühlt die Einzige, die es nicht wusste, und merkte, dass mich das zu einem Automaten machte, der völlig emotionslos seinen Befehl ausführte: Jurastudium, Examen, Gehorsam.

Wie viele Diskussionen hatte ich mit meinen Eltern! Wie oft klagte ich, dass ich mich in den klassischen Juristenberufen nicht sah. Und wie oft ließ ich mich beschwichtigen. „Das Studium ist eben hart. Mach erst einmal den Schein. Danach kannst du weiterschauen. Weißt du, die Juristen sitzen doch überall."

Wenn sie gewusst hätten, wo ihre Juristin in zehn Jahren sitzen würde und dass ich „überall" wörtlicher nehmen würde, als ihnen lieb war ...

Leider waren meine Leistungen nicht so schlecht, dass sie mein Deplaziertsein glaubhaft abgebildet hätten. Es war verrückt, mit wie wenig Aufwand ich Ergebnisse erzielte, für die andere Kommilitonen geradezu hohldrehten. Das war keine gute Argumentationsbasis, weder gegenüber meinen Eltern noch für mich selbst. Ich war ja irgendwie gut in Jura. War es also nicht doch das Richtige? Lagen hier nicht doch auch meine „Talente"? Könnte ich meine „Scheißemotionen" nur abstellen, begann ich zu denken, vielleicht könnte aus mir die begnadetste und erfolgreichste Juristin werden.

Drei Jahre lange quälte ich mich so durchs Studium. Nicht einen Tag überlegte ich *nicht* abzubrechen. Denn wenn du nichts keimen spürst, stellst du auch den Boden infrage, auf dem du tagtäglich ackerst. Doch immer, wenn ich dabei war, Kraft für eine kleine Rebellion zu sammeln, zog sich in mir etwas zusammen und sagte: „Ich darf nicht, denn sonst habe ich eine Lücke im Lebenslauf."

Ein Freund meiner Eltern, der bei einem großen Konzern in der Personalabteilung arbeitete, hatte ihnen noch zu meiner Schulzeit eingeflüstert, dass ein lückenloser Lebenslauf alles sei auf dem Arbeitsmarkt und – warum sagen wir es nicht gleich? – im Leben. Wer einmal irgendetwas abgebrochen hatte, kam für nichts mehr infrage, ließen sich meine Eltern überzeugen. Und bei den ganz Großen musste man es ja wissen, oder?

„Wenn du dich für einen Weg entscheidest, musst du ihn dann auch bis zum Ende gehen", hatten sie mir diese beunruhigenden Einsichten daraufhin mehrfach zu Linsen und Spätzle aufgetischt. Ich bekam Angst. Würde aus mir wirklich ein Sozialfall werden, wenn ich einmal etwas abbrechen müsste, weil es vielleicht nicht ganz das Richtige war?

Lebenslauf – der Lauf des Lebens, welche Poesie, was für ein Flow! Wie schön wäre es, wir würden wirklich mit dieser Idee vom Leben aufwachsen, dass es im Fluss ist und sich tausend Wege suchen kann, ähnlich einem großen Flussdelta, dessen viele Wasserarme am Ende doch in den einen, selben Ozean münden. Wie viel Freiheit und Lebendigkeit stecken eigentlich in diesem Wort und was für ein bürokratischer, drückender Begriff wird doch für so viele daraus. Ich denke, viele in meiner Generation können – und werden auf ihre alten Tage noch – ein Lied davon singen: ein Requiem auf das wahre Leben, an dem man an so vielen Stellen vorübergeschwommen ist, weil der Lebenslauf wichtiger schien.

KAPITEL 3

Wenn du dein Leben so zum Kotzen findest ...

Ich wusste nicht, was ich tun sollte. Was auch immer ich auf dem Herzen hatte, das Studium war dafür kein guter Nährboden. Aber mein Herz gab mir auch keine andere Richtung vor.

Dazu kam eine weitere Baustelle: Seit drei Jahren war ich mit einem wirklich netten, tollen Kerl zusammen. Mein Freund hatte ein anderes Gymnasium in meiner Stadt besucht und wir waren uns auf einer Abiparty begegnet. Er studierte Wirtschaftsrecht, war ein super Typ, gutaussehend, anständig, sich seiner Ziele bewusst; meine Freundinnen fanden, er sei ein Traummann. Eigentlich ein Volltreffer.

Doch schon seit geraumer Zeit war mir klar: Das ist nicht für immer, das wird nicht der Mann für mein Leben. Ich war nicht glücklich und eigentlich wusste ich, dass ich mich von ihm trennen musste. Doch ich zögerte. Hatte ich das Recht, ihn so zu verletzen?

Ich fühlte mich in jeder Hinsicht neben der Spur. Als lebte ich an dem Leben, das ich eigentlich leben sollte, komplett vorbei. Nur, wie kam ich von meinem Gleis runter? Was durfte ich überhaupt vom Leben erwarten? Und durfte ich meine eigenen Erwartungen an ein fröhlicheres Leben über die Erwartungen anderer stellen? Auf Basis einer Gefühlslage? Ich hätte große Entscheidungen treffen und die Erwartungen von Leuten enttäuschen müssen, die mir wichtig waren. Ich hätte mich gegen meine Eltern stellen und meinem Freund das Herz brechen müssen. Nein, das ging für mich nicht, ich wollte doch niemanden enttäuschen.

Und noch etwas anderes wollte ich nicht: aufgeben. „Was man anfängt, zieht man auch durch. Sei ein tapferes Mädchen, sei ein tapferes Mädchen. Werde bloß nicht zur Abbrecherin ...", redete ich mir gut zu. Gleichzeitig dachte ich, mein Leben sei eigentlich vorbei, mit Anfang zwanzig! Sowohl privat als auch beruflich sah ich es ja schon komplett vor mir: das Jurastudium, das Referendariat, Vaters Kanzlei, die Übernahme. Mit dreißig würde ich einen Mann, zwei Kinder, ein Reihenhäuschen und ein teures Auto haben. Erfolgreich und fertig. Und auf nichts davon hatte ich Lust. Es gab kein Rechts, kein Links, kein Aus- oder Abweichen. Der einzige Weg ging nach vorn und das so schnell wie möglich. Ich war mehr als frustriert und noch zielsicherer als auf meine unerwünschte Karriere bewegte ich mich auf eine Depression zu.

Eineinhalb Jahre vor meinem Abschlussexamen wurde es noch schlimmer. Die innere Unzufriedenheit breitete sich auf meinen Körper aus, jedoch ohne dass ich es wahrhaben wollte.

Zuerst bekam ich Pfeiffer'sches Drüsenfieber, eine Viruserkrankung, die in den meisten Fällen harmlos verläuft – wenn das Immunsystem in Ordnung ist. Bei mir schlug sie aber mit voller Wucht zu. Ein Jahr lang holte mich immer wieder hohes Fieber ein.

Als mich die Krankheit endlich langsam verließ, bekam ich plötzlich enorme Magenschmerzen. Erst dachte ich, es wäre ein letztes Aufbäumen des Virus. Doch bald waren die Krämpfe so stark, dass ich mitten in der Nacht ins Krankenhaus musste. Ließen die Krämpfe nach, überfiel mich eine ungekannte Übelkeit. Mir war dauerhaft schlecht, vor allem wenn ich versuchte zu essen. Ich ließ es also bleiben und nahm dadurch immer mehr ab, bis ich schließlich weniger als fünfzig Kilo wog.

Gemeinsam mit meiner Mutter rannte ich von Arzt zu Arzt, aber keiner konnte das Krankheitsbild erklären. Mit dem Drüsenfieber hing es nicht zusammen und auch sonst schien rein körperlich alles in Ordnung zu sein. Auch die dritte Magenspiegelung brachte keine Erkenntnis. Also bekam ich ein Medikament nach dem anderen verschrieben, alle ohne dauerhaften Erfolg. Ich litt fürchterlich, lag Stunden, Tage, manchmal ganze Wochen handlungsunfähig und schmerzverkrümmt im Bett.

Der einzige Lichtblick war eine Akupunkturbehandlung. Mit ihrer Hilfe wurde ich die Schmerzen immer für ein paar Tage los. Diese Pausen nutzte ich, um mich mit etwas Knäckebrot zu „stärken" und zu den Examensvorbereitungskursen zu quälen. Über Monate ging das so, ohne dass ich wusste, wo es hinführen sollte.

Mitten in dieser Zeit traf ich mich mit meiner Freundin Ilona. Wir kannten uns schon seit der Schulzeit, aus dem Kunst-Leistungskurs. Seitdem trafen wir uns sporadisch, doch der Kontakt wurde seit Kurzem intensiver und ich vertraute ihr mehr und mehr an, wo ich gerade stand im Leben.

Wir waren bei meinen Eltern zu Hause, waren dabei, uns im Flur zu verabschieden. Ilona hatte schon die Hand an der Türklinke, aber wie so oft quatschten wir uns eine weitere halbe Stunde fest. Oder sagen wir: Ich quatschte Ilona fest. Denn da war so viel, was ich rauslassen musste: Meine Gesundheit. Mein Studium. Ja, aber meine Eltern. Kann ich meinen Freund verlassen? Wie komme ich aus alldem raus? Aber wenn ich… Ich kotzte mich wirklich aus, warf ihr einfach den ganzen Berg aufgestauter Gefühle vor die Füße.

Ilona schaute mich verständnisvoll an. Ich schätzte ihre große Empathie, aber ich wusste auch, sie würde mir keine reine Streichelkur verabreichen. Ich stand noch auf der Treppe, die wir gerade aus meinem Jugendzimmer heruntergekommen waren, eine Stufe über ihr. Ilona war außerdem etwas kleiner als ich, doch als Powerfrau überragte sie mich, eine echte Rakete. Schon sah ich in ihren Augen, wie mein Leidensdruck ihren Kampfgeist geweckt hatte. Sie sah zu mir hoch und sagte: „Wenn ich mein Leben so zum Kotzen fände wie du, dann wäre mir auch schlecht!"

Dieser Satz saß. Er saß so, dass ich ihn nie wieder vergessen würde. Er saß tiefer als alle Stimmen, die in mir sagten: „Es wird schon irgendwie gehen, es wird von allein besser." Nein, ich wusste, Ilona hatte recht.

Heute liegt dieser Zusammenhang für mich klar auf der Hand. Doch es sind oft erst die Stimmen echter Freunde, die uns sanft – oder weniger sanft – zur Vernunft rufen. Ich musste damals mehrmals schlucken, aber wie dankbar war ich im Nachhinein dafür, dass Ilona mir die Diagnose gab, die ich mich selbst bis dahin nicht getraut hatte auszusprechen.

Es war nicht einfach mein Körper, der verrücktspielte. Mein Herz und Kopf hatten sich den Bauch zum Verbündeten gemacht. Und jetzt schrien sie mich gemeinsam jeden Tag an: „Ändere was! Wir finden unser Leben zum Kotzen ... *Du* findest dein Leben zum Kotzen!"

Stellte sich nur noch die Frage: *Was* sollte ich ändern? Ich lebte ja in der Überzeugung, mein Leben sei für immer auf dem falschen Gleis gelandet. Ich hatte in den letzten Jahren gefühlt nur falsche Entscheidungen getroffen und wusste noch immer nicht, wie ich den Zug stoppen konnte, welche Weichen ich umstellen sollte – und vor allem in welche Richtung. In mir regierte die Angst, etwas Falsches zu tun.

Und so kam Ilona ein zweites Mal ins Spiel. Sie hatte übers Internet einen süßen Typen kennengelernt und sich zu einem Date verabredet. Ich freute mich für sie, aber wo sollte das Date stattfinden? In einer Kirche in Stuttgart. Und wer sollte sie als Anstandswauwau begleiten? Ich.

Mir war natürlich schlecht wie immer. Schon seit einigen Wochen war ich nirgends mehr hingegangen, doch ich wollte meine Freundin nicht hängen lassen. Also zogen wir los, in eine junge Gemeinde im Stuttgarter Norden, die heutige „Kesselkirche", nicht ahnend, dass dieses Date nicht nur für Ilona, sondern auch für mich eine ganze Kausalkette in Gang setzen würde.

Die erste Überraschung war der Gottesdienst, in dem ich eine positive und junge Atmosphäre erlebte, die ich aus anderen Gemeinden und Gruppen so nicht kannte. Ich hatte direkt Lust wiederzukommen, ganz ohne Pflichtbewusstsein. Noch mehr wurde meine Überwindung aber belohnt, als ich mich zum Ende der Veranstaltung umschaute und plötzlich ein bekanntes Gesicht entdeckte: wacher Blick, breites Grinsen, blonde Chaosfrisur, Simon.

Simon und ich hatten uns über gemeinsame Freunde kennengelernt, als ich siebzehn war. In der Abizeit hatte sich unsere Freundschaft intensiviert. Wir lernten zusammen für die Prüfungen, besuchten Partys und fuhren zum Snowboarden, wurden beste Kumpels. Auch hatte es damals schon hart geknistert zwischen uns, aber es war keine Zeit für mehr gewesen. Denn anders als ich, war Simon nach der Schule seinen eigenen Weg gegangen, für ein halbes Jahr nach Australien gereist – und ich hatte mir in dieser Zeit meinen Freund angelacht.

Trotzdem sahen wir uns auch während meiner Studienzeit alle paar Wochen. Wir hörten gemeinsam Coldplay, ich erzählte ihm von meinen Beziehungsunsicherheiten und was mich an der Flucht hinderte, er mir davon, wie sein Beziehungsleben eigentlich nur aus Eskapaden bestand.

Simon war genauso überrascht wie ich, dass wir uns hier wiedertrafen, auch er war das erste Mal in dieser Gemeinde. Wegen meiner Krankheit hatten wir uns jetzt schon einige Monate nicht mehr gesehen und es tat gut, den Faden mit ihm wieder aufzunehmen.

Von da an kam ich öfter wieder, lernte tolle Leute kennen und merkte, dass sich hier viele sammelten, die ihre Begabungen kannten und sie wirklich lebten. Die Kirche war ein regelrechter Hotspot für kreative Köpfe, und es war inspirierend zu sehen, was alles entstehen konnte, wenn Leute anfingen, ihr kreatives Potenzial auszuleben.

Bald stellte mich Simon einem weiteren Freund vor. Julian kam gerade frisch von einem sechsmonatigen Aufenthalt in Australien zurück. Er erzählte mir, dass er sich der Organisation YWAM (Jugend mit einer Mission) angeschlossen hatte, die auf der ganzen Welt zu sozialen Brennpunkten aufbrach und sich dort zusammen mit den Programmteilnehmern engagierte. Das sei für ihn der perfekte Rahmen gewesen, über sich und sein Leben nachzudenken. Zusätzlich hatte er Zeit, seine Kreativität auszuleben, an Songs zu schreiben ... kurz:

es war die beste Zeit seines Lebens. Die Art, wie er davon erzählte, und das Leuchten in seinen Augen steckten mich sofort an. Julian war *on fire*. Und, berichtete er weiter, er sei zurückgekehrt mit dem Mut, endlich seinem Wunsch zu folgen und eine Karriere als Berufsmusiker zu wagen – was er seitdem auch tat.

Diese Begegnung ergab zusammen mit meiner Diagnose und Ilonas Satz einen perfekten Dreiklang. Mehr Motivation brauchte ich nicht. Dieses Feuer für das Leben wollte ich auch spüren. Und mir wurde klar, dass es Zeit war, das selbst anzupacken. Sofort.

Ich wollte nicht länger kotzen. Ich wollte nicht weiter geradeaus durch diesen Tunnel. Mein Leben fühlte sich doch sowieso nicht geradlinig an. Es war in Schieflage. Ich versuchte auf einem schiefen Boden die Balance zu halten, um nur nicht anzuecken.

Dieses Spiel galt es endlich zu beenden. Ich wollte endlich meine eigene Lücke im Lebenslauf! Ich hatte ein Recht darauf. Ich brauchte eine Auszeit von dem ganzen Druck, damit Platz werden konnte für etwas Neues.

Ich wollte reisen, ein paar Abenteuer erleben. Und ich wollte endlich herausfinden, was ich mit meinem Leben anstellen sollte – oder besser noch: wollte. Diese Fragen duldeten keinen Aufschub mehr. Und ich brauchte einen anderen Ort dafür, fern von ängstlicher Mutter und dominantem Vater. Raum für meine eigenen Gedanken und Entdeckungen.

KAPITEL 4

Fünf Schritte in die Freiheit

Ich traf eine Entscheidung – meine eigene Entscheidung: Um mein Studium abzubrechen, ist es zu spät. Aber direkt nach dem Examen nehme ich mir ein Jahr Auszeit, ein Jahr für mich. Zuerst werde ich nach Australien fliegen, am besten mit der gleichen Organisation wie Julian. Und ich werde dort über die Frage nachdenken „Was will ich aus meinem Leben wirklich machen?"

Aber ein Schritt nach dem anderen: Zuerst musste ich noch mein Studium hinter mich bringen, und zwar so schnell wie möglich. Ich wollte nicht einen Tag länger eingeschrieben sein als unbedingt nötig. Darum meldete ich mich direkt für den sogenannten Freischuss nach dem achten Semester an.

Der Freischuss ist eine Möglichkeit, das Erste Staatsexamen vorzuziehen – ein Schritt, den nur wenige gehen, und das meist nur, um schon einmal ein Gefühl für die Prüfungen zu bekommen. Ein Examen aus Spaß sozusagen. Nicht mit mir! Ich wollte, dass dies mein einziger Versuch wurde. Durchfallen war keine Option. Noch mal ein halbes Jahr Paragrafenwürgen hätte ich nicht durchgestanden. Auch die Note war mir egal. Ich pfiff auf Verbesserungsversuche. *Yeah!* Ich hatte wieder Kampfgeist in mir. Und egal was meine Eltern sagen würden, danach würde ich das Jahr Pause machen.

Zunächst musste aber ein weiteres Hindernis aus dem Weg. Schritt zwei: die leer gewordene Beziehung zu meinem Freund, von der ich nichts mehr erwartete, beenden. Jetzt! Innerhalb weniger Tage nach meiner ersten Entscheidung machte ich Nägel mit Köpfen. Es war nicht leicht, das durchzuziehen, aber ich hatte ja geübt, ein tapferes Mädchen zu sein.

Nach diesen zwei Schritten passierte ein Wunder, mit dem ich nicht gerechnet hatte: Die Übelkeit, die ich seit Monaten mit mir herumgeschleppt hatte, war von einem auf den anderen Tag verschwunden. Komplett. Ich hatte mich frei gemacht von den Stimmen in mir, frei von den Erwartungen meiner Eltern, frei von dem Verantwortungsgefühl gegenüber dem Kanzleiprojekt meines Vaters, frei von einer ungesunden Beziehung. Ich hatte die Schieflage korrigiert – und schon hörte das Trudeln auf und mit ihm die große Übelkeit.

Das gab mir Kraft. Es waren ja nicht alle Probleme gelöst, aber ich hatte einen Entschluss gefasst und plötzlich war wieder Licht in meinem Leben. Der Tunnel, in dem ich gefangen gewesen war, hatte sich einfach aufgelöst.

Eigentlich musste ich mich jetzt direkt an die Gesetzesbücher setzen, wenn ich auch nur eine geringe Chance haben wollte, den Freischuss zu bestehen. Nur dachte ich an alles andere als daran, jetzt zu lernen.

Mein Befreiungsschlag hatte eine Explosion kreativer Ideen zur Folge. Es war, als sprudelten aus der Lücke, die ich mir erobert hatte, schon jetzt lauter neue Farben in meinen Tag. Ich war wie aus dem Koma erwacht und voller Tatendrang. Ein Zustand, den ich schon lange nicht mehr gekannt hatte. Da ließ ich mich doch nicht direkt wieder an den Schreibtisch fesseln.

Und so kam es zu Schritt drei. Jahre zuvor war ich auf einem Konzert von Lenny Kravitz gewesen. Seine Show war grandios, aber noch viel mehr als der Sänger hatte mich seine Schlagzeugerin fasziniert. Cindy Blackman. Eine Frau am Drumset! Die durchknallen konnte und gut dabei war. Das war eine Offenbarung. Allerdings hatte ich diese Erinnerung tief in mir eingeschlossen.

Jetzt schoss sie, sehr zu meiner Überraschung, durch die Lücke mit ans Tageslicht. Ich hatte ja doch Leidenschaften in mir – sie warteten nur darauf, dass ich sie (wieder-)entdeckte.

Also begann ich Schlagzeug zu lernen, inmitten der Prüfungsvorbereitungen. Das Equipment fand ich über eine Kleinanzeige in der „Sperrmüllsparte" unserer Wochenzeitung, schleppte es in den Keller meiner Eltern und beschallte von da an in jeder freien oder eigentlich nicht freien Minute ihr ganzes Haus, als tobte Cindy persönlich in mir. Das Leben erschien mir jetzt so kostbar, dass ich keinen Tag mehr verstreichen lassen wollte, an dem ich mich nicht den Dingen widmete, die mich endlich begeisterten. Wen interessierte, was ich gut konnte? Wichtig war, was mich interessierte, was mein Herz höherschlagen ließ.

Besonders schön war, dass diese „Dinge" begannen, sich perfekt zu ergänzen. Für den Schlagzeugunterricht sprang nämlich Simon ein, der nicht nur das Instrument perfekt beherrschte, sondern von seinem ganzen Wesen her ein Schlagzeuger war, ein männlicher Cindy Sherman!

Mit diesem Wesen nahm er mich zunehmend für sich ein. Und so führte Schritt drei nach nur wenigen Wochen unweigerlich zu Schritt vier... oder war es andersherum? Ich erlaubte mir jedenfalls, eine Beziehung mit meinem besten Freund zu wagen.

Eigentlich hatte mich Simon schon immer fasziniert. Nach außen schien er ein Vollchaot zu sein. Er machte Zivildienst, backpackte sich durch ein wildes Jahr Australien, fing ein Studium an, brach es nach einem Jahr wieder ab und machte jetzt eine Ausbildung zum Orthopädiemechaniker – warum auch immer. Er spielte in mehreren Bands und bedruckte in seiner Freizeit T-Shirts... Kurz: Er führte sein Leben, wie ich es mir selbst nie gestattet hatte. Alle zwei Wochen schien er etwas anderes machen zu wollen und tat es dann auch. Ich bewunderte ihn um diese Freiheit, mit der er seine eigene Sinnsuche betrieb.

In den letzten Jahren hätte ich es mir allerdings nie erlaubt, mit so einem Freigeist zusammen zu sein. Es passte nicht in das geradlinige Leben, das ich meinte, führen zu müssen. Als aber damit Schluss war, schien es auch plötzlich möglich, einen frommen Chaoten zu lieben.

Nach einigen Schlagzeugstunden, die ebenfalls alles andere als geradlinig verlaufen waren, klingelte es eines Tages an meiner Tür. Ich öffnete und da stand er in einem T-Shirt, auf das er eine Frage und drei Kästchen zum Ankreuzen gedruckt hatte:

Willst du mit mir gehen? ☐ *Ja.* ☐ *Nein.* ☐ *Vielleicht.*

Ich machte mein Kreuz. Ein Kreuz, an dem meine Eltern allerdings schwer zu tragen hatten.

> *Auftritt Mutter.*
> „Du und Simon?! Das ist jetzt nicht dein Ernst..." *Mutter ab.*
> *Auftritt Vater.*
> „Wovon wollt ihr denn mal leben?! Dieser Künstler weiß doch noch gar nicht, was er will. Du musst jetzt auf jeden Fall dein Studium packen. Du wirst euch vielleicht mal durchbringen müssen..." *Vater ab.*
> Der Gegenwind tat weh. Aber ich hatte entschieden, mein Drama selbst zu schreiben. Und ich war ja gerade froh, einen Künstler an meiner Seite zu haben.
> *Auftritt Simon!*

Simons kreative Qualitäten waren es dann auch, denen ich die fünfte Entdeckung dieses wilden Sommers verdankte. Er stand genau wie ich auf Mode mit dem besonderen Etwas, war immer auf der Suche nach lässigen Styles und übte sich selbst in Textilgestaltung. Das brachte mich auf den Gedanken, ihm einen eigenen Pullover zu nähen. Wie gesagt, machte ich damals nur noch Nägel mit Köpfen, und so meldete ich mich für einen Nähkurs an.

Was zunächst als Einweg-Hobby gedacht war, machte mir unglaublich Freude und entwickelte schnell eine große Kraft. Ich nähte Klamotten über Klamotten für Simon und mich. Auch meine Freunde und Familie bekamen in den nächsten Jahren zu allen Anlässen nur noch Selbstgenähtes geschenkt.

Dieses Handwerk fiel mir tatsächlich leicht. Es beflügelte mich und tat mir auf eine fast therapeutische Weise gut. Ich konnte direkt sehen, was ich geschaffen hatte, und das machte mich stolz, auch wenn die Sachen keine Meisterstücke waren. Anders als in der juristischen Arbeit, wo ich maximal einen Schriftsatz herstellte, entstanden hier im Handumdrehen schöne Dinge kraft meiner eigenen Hände. Ohne dass ich es wusste, war diese Freude der Grundstein für alles, wofür ich in den nächsten Monaten und Jahren brennen würde.

So abgedroschen das klingen mag, aber es war der Sommer meines Lebens. Dass ich auch noch das schriftliche Examen inmitten dieser ekstatischen Monate schaffte, war ein kleines Wunder. Die Prüfung lief sogar besser als erwartet, meine Note konnte sich sehen lassen. Geschafft. Jetzt wartete nur noch die mündliche Prüfung auf mich. In vier Monaten würde ich frei sein. Die Wellen des Neulands brachen schon.

Mein sich zunehmend verändernder Lebensstil blieb von meinen Eltern natürlich nicht unbemerkt. Plötzlich eine glückliche Tochter, krass! Aber auch irgendwie bedenklich, diese Lockerheit, die sie plötzlich ausstrahlte.

Anfangs nahmen sie meine Pläne mit der Auszeit noch nicht so ernst. Sie waren froh, dass ich überhaupt das Studium beenden würde, denn meine Einstellung dazu hatte ich in der letzten Zeit wirklich nicht mehr zurückgehalten. Und sicher glaubten sie, dass sich der Sturm in mir legen würde, wenn ich erst den Schein in der Hand hätte. Aber das waren *ihre* Gedanken. Der Sturm, der *mich* fertiggemacht hatte, hatte sich ja schon gelegt.

Je näher das Examen rückte und damit meine Lücke im Lebenslauf, desto panischer wurden sie. Auch gegenüber dem Programm, das ich mir ausgesucht hatte, waren sie skeptisch. Natürlich. Es hatte eine geistliche Dimension, man munkelte in ihren pietistischen Kreisen sogar etwas von einer Sekte. Und wieder schlug der Beschützerinstinkt an. Wieder hatte ich keine Unterstützung, erst recht keine finanzielle.

In Begriffen der Konfliktforschung gesprochen, waren wir vom latenten zum manifesten Konflikt übergegangen, mit Phasen des offenen Kriegs. Es krachte nur noch zwischen uns und ich konnte meinen Eltern nichts mehr recht machen.

Vor lauter Verzweiflung und aus Angst, dass ich fatale Entscheidungen treffen könnte, nötigten sie mir einen Besuch bei einer Psychotherapeutin ab. Eltern!, dachte ich mir. Wenn du unglücklich bist, schlagen sie dir alles vor, außer dein Leben und deine Entscheidungen zu überdenken. Aber wenn du glücklich bist, werden sie so misstrauisch, dass sie glauben, bei dir wäre etwas nicht in Ordnung. Außerdem hatte ich meine beste Therapeutin ja schon in Form einer Nähmaschine gefunden.

Doch der Besuch brachte endgültig Licht in die Sache: Die Frau attestierte mir, dass mit mir eigentlich alles ganz in Ordnung sei, und machte mir Mut, meinen lebensbejahenden Kurs fortzusetzen. Es war eine kleine Niederlage für meine Eltern, für die sie aber im Nachhinein dankbar waren. Vor allem wussten sie nun, sie mussten mich ziehen lassen. Ich hatte die Zelte im Kopf schon abgebrochen.

Für das mündliche Examen bekam ich den unbeliebtesten Prüfer der Fakultät zugeteilt. Er ließ die Leute liebend gern an rechtsgeschichtlichen Fragen durchfallen. Auch mich verriss er, so gut er nur konnte. Doch selbst seine miserable Note war nicht schlecht genug, um meine Pläne zu zerstören: Fast zeitgleich mit dem Bescheid zum bestandenen Studium kam auch ein Brief aus Australien. Es war die Zusage für das Programm, für das ich mich inmitten der Prüfungsvorbereitungen beworben hatte.

Ich war völlig aus dem Häuschen! Was kümmerten mich jetzt noch Noten? Ich hatte endlich mein Erstes Staatsexamen in der Tasche. Vier Jahre Jura-Bootcamp waren vorbei und in wenigen Monaten würde ich an australischen Stränden zwischen ein paar Sets der besten Wellen der Welt (so dachte ich) den Sinn meines Lebens finden.

Das Geld dafür musste ich mir allerdings selbst verdienen und heuerte erst mal mehrere Monate für einen Bürojob in einem großen

Industrieunternehmen an. Es war Zeit, dass ich mich daran gewöhnte, dass es mich in jeder Hinsicht etwas kostete, meinen Weg konsequent zu gehen.

„Ich wollte endlich meine Lücke im Lebenslauf!"

Kleine Anleitung zum Glücklichsein

→ Frei machen von Stimmen anderer.

Frag dich, was du willst für dein Leben. Es liegt nicht an dir, wenn andere Stimmen in deinem Kopf das Sagen übernommen haben. Aber es liegt an dir, ihnen wieder ihren richtigen Platz zuzuweisen – und dich von der Macht fremder Erwartungen frei zu machen.

→ Ungesunde Beziehungen beenden.

Löse dich von Beziehungen, die nicht ausbalanciert sind und dich nicht weiterbringen oder auffangen. Das ist nicht egoistisch, es ist das Beste für alle.

→ Dem Lebenshunger folgen.

Tu es einfach! Mach, worauf du Bock hast, auch wenn es verrückt erscheint. Die größten Hindernisse für unser Glück sind – wirklich! – die in unserem Kopf. Die realen Grenzen kommen übrigens von ganz allein.

⟶ **Gefühlen vertrauen, Beziehungen wagen.**

Gefühle sind da, um gehört zu werden. Sie rufen uns dazu auf, genauer hinzuschauen – und manchmal eine Beziehung zu wagen, von der wir geglaubt hätten, sie passe nicht in unser Leben (womit wir meinen: in unseren Lebensentwurf).

⟶ **Überraschen lassen.**

Leidenschaften kann man nicht planen oder kalkulieren, man muss sie entdecken. Und dafür muss man den Glauben ablegen, man würde – oder man müsste – sich selbst schon am besten kennen. Lass dich davon überraschen, was dich fesselt und in Begeisterung versetzt, und du wirst überrascht sein, was in dir steckt.

KAPITEL 5

Lifestyle-Schiffbruch auf der Südhalbkugel

Ein Pick-up holte mich von der Busstation in Maroochydore ab. So hieß der Ort, in dem ich das nächste Vierteljahr verbringen würde. Eine beschauliche Küstenkleinstadt an der Sunshine Coast.

Als wir auf dem Gelände der Organisation YWAM ankamen, waren alle anderen Teilnehmer des Programms schon da. Neugierig musterten wir uns und direkt fiel mir der hohe Frauenanteil sowie der niedrige Altersdurchschnitt auf. Ich fühlte mich ein bisschen wie auf einer Erstsemesterparty. Ausgehungert wie ich von dem Flug kam, ließ ich mich aber durch das leckere Eröffnungsbarbecue von meiner Skepsis ablenken.

Der Leiter, ein sympathischer Kanadier, stellte sich vor. Sein Name war Andrew und er versprach uns eine ganz besondere Zeit: „Jedes unserer Programme ist ganz anders. Jeder erlebt es anders. – *It's never what you expect, but always what you need.*"

Gerade die ersten Wochen fiel mir das sehr schwer zu glauben. Ich hatte mich nicht zuletzt aus Lässigkeitsfaktoren für Australien entschieden. Neben den großen Fragen, über die ich irgendwie nachdenken wollte, war ich auch hier, um ein paar Abenteuer zu erleben, etwas von der Natur zu sehen, Wellenreiten zu lernen und mit coolen Surfer Boys abzuhängen.

Was erwartete mich stattdessen? Australien im Winter. Richtig, die Südhalbkugel! Darüber hatte ich in meiner ganzen Aufbruchsekstase nicht nachgedacht. Das bedeutete: viel Regen, mehr Sturm, schlechtere Wellen, weniger Surfing und auch weniger Surferjungs, die es draufhatten, denn die wussten ja, wann es den besten Swell[2] gab. Um genau zu sein, war es nur einer. Ein Kerl und zwölf Mädchen, die fast alle direkt von der Highschool kamen und maximal 19 waren. Und dazwischen ich, als einzige Deutsche, die sich, obwohl sie auch erst 24 war, noch nie so alt gefühlt hatte.

Besonders die Amerikanerinnen brachten mich an meine Grenzen. Warum mussten diese Girlies jedes Klischee, das über sie im Umlauf war, auch noch bestätigen? Warum fragten sie mich nach Wochen immer noch, wo ich eigentlich herkam und warum ich überhaupt Englisch sprechen konnte?

Es war wirklich kein guter Start. Das sollte meine Auszeit sein, genau wie ich sie brauchte? Nichts spürte ich vom erträumten australischen Lifestyle. Nichts war so, wie ich es mir vorgestellt hatte. Andererseits zwang mich die Situation, meine Augen aufzumachen für das, was ich eigentlich suchte. Wollte ich nicht herausfinden, wo es mit meinem Leben hingehen sollte?

Trotz meiner fünf Freiheitsübungen war die große Frage noch nicht geklärt: Wofür schlägt mein Herz? Wofür will ich meine Kraft und meine Begabungen einsetzen? Wie wird es weitergehen, wenn ich wieder in Deutschland bin? Dafür war ich hier. Und die Antwort auf diese Fragen war anders als *alles*, was ich mir hätte vorstellen können.

Nach drei Monaten stand der sogenannte Outreach an. Für zwei weitere Monate sollten wir uns nun mit Brennpunktthemen in anderen Ländern und völlig anderen Milieus, als wir sie aus unserem Heimatland kannten, auseinandersetzen.

Andrew bereitete uns auf den Einsatz vor und teilte uns in Gruppen ein. „Nathalie, du bist in Gruppe zwei. Ihr werdet unter anderem einen Monat in Kambodscha verbringen und dort auch ein Hilfsprojekt für Opfer von ‚sex trafficking' kennenlernen."

Das musste ich erst einmal verdauen. Kambodscha war ein komplett weißer Fleck auf meiner Landkarte. Und von *sex trafficking* hatte ich noch nie etwas gehört. Ja, ich wollte Ungewöhnliches erleben, etwas Neues sehen, und war auch froh, dass ich ein Land kennenlernen würde, in das ich von allein wohl nicht gereist wäre. Aber diese Ansage überforderte mich nun doch etwas.

Zusammen mit vier Amerikanerinnen und einer Dänin begann wenige Tage später mein Abenteuer. Das Briefing hatte uns alle überrascht und als wir gemeinsam begannen, uns auf die Themen vorzubereiten, mit denen wir in unserem Einsatz in Berührung kommen würden, liefen uns eiskalte Schauer über den Rücken. Mit einer Mischung aus Neugier und Widerstand lasen wir Bücher und schauten Dokumentationen darüber an, was sich hinter *sex trafficking* verbarg: Menschenhandel und Zwangsprostitution.

Was ich hier sah, war anders als alle Not, der ich jemals begegnet war. Es war nicht nur das globale Ausmaß dieser Verbrechen, das mir völlig unbekannt war. Es war die absolute Wehrlosigkeit der Opfer, die mir direkt ins Herz ging. Was konnte einen noch direkter anschreien als das Bild eines fünfjährigen Mädchens, das einem Freier für die Befriedigung seiner sexuellen Vorlieben feilgeboten wird —

Meine eigenen Probleme erschienen mir plötzlich wie der größte Luxus, geradezu ein Privileg. Ich stellte fest, wie wenig Ahnung ich doch von dem hatte, was auf unserer Welt wirklich passiert.

Ich lernte, dass an manchen Orten in Thailand und Kambodscha nicht nur erzwungene Prostitution, sondern auch sexuelle Ausbeutung von Kindern ein alltägliches Geschäft ist. Schon Fünf-, ja sogar Dreijährige wurden zu diesem Zweck entführt oder gekauft. In winzigen Zimmern über Jahre festgehalten, wurden die Mädchen jeden Tag rund um die Uhr von den „Kunden" und den Zuhältern missbraucht. Ein Mädchen wurde für einen der Berichte gefragt, ob sie wüsste, wie oft sie zum Sex gezwungen worden war. Die erschütternde Aussage: „Es waren sechs Jahre. Ich schlief mit tausend Männern pro Jahr", worauf sie fast entschuldigend hinzusetzte: „Zählen Sie es zusammen, denn ich war nie in der Schule und kann nicht rechnen."

In einer anderen schockierenden Szene besuchten die Filmemacher ein Dorf in Kambodscha, in dem der Verkauf von Kindern ein völlig normaler Erwerbszweig ist. Sie ließen sich „aufklären": Eltern betrachten es hier als ein Zeichen von Liebe zu ihren Kindern, wenn sie sie nicht in die Großstadt verkaufen, sondern es ihnen ermöglichen, vor ihrer Haustüre und damit sozusagen unter Aufsicht missbraucht zu werden.

Mein Gerechtigkeitssinn hämmerte gegen meine Magenwände. Das Fenster zu einer hässlichen Wirklichkeit war aufgestoßen worden. Um diese ganz zu erfassen, musste ich nicht nur mein bisheriges Verständnis von Prostitution auf den Kopf stellen lassen – dazu komme ich später noch. Ich musste auch lernen, wie eng diese mit Menschenhandel verknüpft ist und dass beides letztlich in Fälle von Sklaverei mündet. Und das im 21. Jahrhundert!

Eine weitere Dokumentation zeigte, wie ein Mitarbeiter einer Hilfsorganisation sich, als Freier getarnt und mit versteckter Kamera ausgerüstet, durch ein Bordell führen ließ. Erst wurden ihm Mädchen im Teenageralter gezeigt. Als er fragte, ob es auch jüngere gäbe, wurde er in einen Raum gebracht, in dem er plötzlich von einer Schar kleiner Kinder umringt wurde. Sie waren alle unter zehn Jahre alt und riefen laut durcheinander, was sie gelernt hatten:

„Bum bum ten Dollar!"

„Yam yam five dollar!"

Er solle sich eines aussuchen.

Ich konnte meine Tränen nicht mehr zurückhalten. Wir alle konnten nicht. Und bis heute fällt es mir schwer, mir vorzustellen, wie es erst den Kindern und jungen Frauen gehen musste. Ich brauchte einige Gespräche mit meiner Mentorin Cat, um diese Eindrücke zu verarbeiten.

Wie wir aus den Dokus, Büchern und Berichten erfuhren, sehen die Wege in die Zwangsprostitution für die Opfer sehr unterschiedlich aus: Manche werden auf offener Straße entführt oder zum Beispiel auf Bus- und Zugfahrten unter Drogen gesetzt und verschleppt. Eine andere Masche der Menschenhändler ist es wohl, bei armen Familien aufzutauchen, die nicht wissen, wie sie ihre Kinder durchbringen sollen, und ihnen zu erzählen, dass sie noch eine Frau suchten.

Sie würden die jüngste Tochter gern mitnehmen, sogar dafür bezahlen, sie festlich heiraten und gut für sie sorgen. Nichts davon passiert natürlich. Oder aber sie spielen den Heiratsvermittler und sagen, sie würden für das Mädchen einen Mann finden.

Die Mädchen werden einfach abgekauft – ein verlockendes Angebot besonders in jenen Kulturkreisen, in denen eine Tochter zu haben immer noch ein finanzielles Desaster bedeutet. Die Eltern haben Angst, irgendwann eine Hochzeit bezahlen zu müssen oder auf einer unverheirateten Tochter „sitzen zu bleiben" und noch tiefer in die Armut zu rutschen. Dann doch lieber sich der Illusion hingeben, es ginge ihr an einem anderen Ort besser.

Für die Mädchen und jungen Frauen bedeutet der Verkauf aber nicht viel weniger als ein Todesurteil. Einmal gefangen, ist ein Ausweg unmöglich. Sie werden eingesperrt und ihre „Besitzer" drohen, dass man ihren Familien oder ihren Mitgefangenen etwas antun würde, wenn sie versuchten zu fliehen.

Es gibt zwar Organisationen, die sich für diese Frauen einsetzen, sie befreien und ihnen ein neues Zuhause geben, wo sie sich langsam erholen können (und genau solche Nachsorgeeinrichtungen würden wir in Kambodscha besuchen), doch auch das ist alles andere als eine Garantie für ein gelingendes und freies „Leben danach". Jahre, in denen wir lernen, die Welt spielerisch zu erkunden, zur Schule zu gehen, Freundschaften zu schließen, uns in verschiedensten Hobbys auszuprobieren, irgendwann eine Ausbildung zu beginnen... diese Jahre haben sie in Kerkern verbracht. Ihre Vergewaltiger und Zuhälter hinterlassen Narben, Krankheiten, seelische Wüsten und Abhängigkeiten. Viele der Mädchen sterben außerdem schon im Teenageralter an Aids, weil sie mit so vielen Männern ungeschützten Sex hatten, dass es nahezu unmöglich war, sich nicht mit HIV zu infizieren. So viel zu *ihrem* Lifestyle. *Das* war ihr ganzes Leben gewesen!

Dazu kommt die Scham derer, die das Ganze überleben. Viele trauen sich allein schon aus Angst vor dem Geächtetwerden nicht zurück zu ihren Familien oder in ihre Dörfer. Selbst ohne die komplette Geschichte giltst du in einigen Gesellschaften, wenn du nach so langer

Zeit als ledige Frau zurückkommst, als Hure. Schon viele sind an diesem Stigma zerbrochen und zurück in die Prostitution geflüchtet. Und wenn es nicht das ist, so treibt viele ihre Drogensucht zurück zu ihren Peinigern, die sich die Mädchen über die Substanzen bewusst gefügig machen.

Diese absolute Aussichtslosigkeit können wir mit Worten nicht zureichend beschreiben. Was ich damals sah und las, reichte jedenfalls aus, um mir das Herz zu brechen. Wollte ich in dieses Thema wirklich tiefer einsteigen? Ich war tief betroffen, spürte Mitleid und Wut. Ja, ich spürte sogar etwas von meinem Kampfgeist – und irgendwie freute ich mich darauf, mehr davon zu sehen, wie diesen Menschen geholfen wurde.

KAPITEL 6

Idee trifft Herz

Die ersten Tage in Kambodscha verbrachten wir zur Akklimatisierung in Sihanoukville, einer verträumten Hafenstadt an der Westküste, die wie das ganze Land gerade erst im Begriff war, den Tourismus für sich zu entdecken. Es gab schöne Strände mit einer sanften Brandung, die Zeit floss etwas langsamer und alles war etwas unaufgeregter, selbst verglichen mit Australien. Die Leute waren sehr freundlich und einladend und lächelten viel. Wir probierten uns durch die ersten landestypischen Gerichte, kosteten fermentierte Fischpaste, Koriander und Zitronengras, tranken viel grünen Tee und leckere Fruchtsäfte.

Auch wenn ich die entspannte Atmosphäre genoss, hatte ich das unbestimmte Gefühl, dass hier irgendetwas nicht stimmte. Etwas beunruhigte mich – und bald realisierte ich auch, was es war. Immer öfter sah ich Männer, ganz offensichtlich aus dem Ausland und meist etwas älter, auf geliehenen Motorrollern durch die Straßen fahren, auf deren Rücksitzen kambodschanische Mädchen, vereinzelt auch Jungs saßen, die nie älter als zwanzig waren, oft sogar Teenager... oder Kinder. Natürlich war das an sich nicht verboten, vielleicht von einer etwaigen Helmpflicht abgesehen. Aber wie die Beziehung zwischen den Ausländern und ihren jungen Begleitungen gelagert war, konnten wir uns natürlich denken. In aller Öffentlichkeit, sichtbar für Touristen wie Einheimische, wurde hier die Prostitution von Minderjährigen gelebt. Und wenn das so war, wer wusste, was sich noch alles im Verborgenen abspielte?

Beklommenheit machte sich bei mir und meinen Kumpaninnen breit. So beschaulich dieser Urlaubsort war, er war belegt von diesen offenkundigen Anzeichen, dass hier junge Menschen unter ihrer

Würde behandelt wurden und dass dies akzeptiert wurde. Als ob hier ein falsches Gesetz regierte, ein Gesetz der Gleichgültigkeit. Nach unseren Einsatzvorbereitungen waren wir zwar auf einiges gefasst, aber nicht auf diese zugleich indirekte und doch augenfällige Konfrontation. Noch ungeduldiger erwartete ich jetzt die Mitarbeit in den Projekten.

Zuerst besuchten wir in der Hauptstadt Phnom Pen zwei Waisenhäuser, mit denen YWAM zusammenarbeitet. Viele Kinder in Kambodscha verlieren ihre Eltern durch HIV. Die Infektionsrate ist zwar in den letzten Jahren stark zurückgegangen, doch in manchen Gegenden herrscht noch immer ein hohes Ansteckungsrisiko – ein weiteres Indiz für den teils ungehemmten Sextourismus.

Danach reisten wir weiter in den Nordwesten des Landes. Für ein paar Tage sollten wir am Rande der Provinzstadt Siem Reap in einem Schutzhaus für Frauen, die aus Zwangsprostitution befreit worden waren, mitarbeiten. Noch hatte ich keine Ahnung, dass diese Tage mein Leben verändern würden …

Wir übernachteten bei einer lokalen Basis unserer Organisation und brachen von hier aus zusammen mit den Mitarbeitern auf. Mit Fahrrädern ging es stadtauswärts. Ein holpriger, steiniger Weg führte von den letzten Siedlungen durch den lichten Dschungel. Von den Stadtgeräuschen hörte man immer weniger und Vogelstimmen und Affenlaute nahmen zu. Schließlich gelangten wir zu einer Ansammlung einfacher Bambushütten auf niedrigen Stelzen. Ein Garten war um das kleine Idyll angelegt und auf den Verandas standen ein paar junge Frauen und blickten uns neugierig entgegen. Das Gelände war nicht umsonst so abgelegen. Außerhalb des Netzwerks der Hilfsorganisationen wusste niemand, dass hier Frauen lebten, die aus gefängnisgleichen Bordellen befreit worden waren.

Wir setzten uns zu den Bewohnerinnen auf die Veranda und bekamen Tee angeboten. Die jungen Frauen waren schüchtern, wir waren schüchtern. Es war klar, dass wir nicht einfach mit ihnen reden konnten, geschweige denn über das, was sie erlebt hatten. Sie sprachen kein Englisch und wir nicht die Landessprache Khmer. Wir sollten einfach etwas Zeit mit ihnen verbringen, ihren Alltag hier kennenlernen und gemeinsam mit ihnen Postkarten basteln, die das Schutzhaus an Unterstützer der Arbeit verkaufte.

Während wir uns gemeinsam mit Schere, Kleber und Farbe an die Karten machten, betrachtete ich die Frauen näher. Das also, ging ich in mich, sind die Frauen aus den Büchern und Filmen. Es war so schwer, ja unmöglich für mich, die allgemeinen Informationen, die ich in Australien angesammelt hatte, mit den Personen vor mir in Verbindung zu bringen. Ich erinnerte mich an eine Stelle aus dem fesselnden Buch „Freiheit für Linh". Darin gibt die Sozialarbeiterin Sharon ihre Eindrücke von Mädchen wieder, die jahrelang in Bordellen festgehalten und missbraucht wurden:

> *Sie wussten, dass jeder Tag wie der vorherige sein würde, und dass der Missbrauch sich in unabsehbare Zukunft fortsetzen würde. Wenn man solche Kinder betrachtet, kann man es kaum fassen, wie sie das durchstehen, dass sie selbst solche Situationen überleben – und man macht sich kein Bild von der Trauer und dem Gefühl von Verzweiflung, die in ihnen herrschen muss.* [3]

Um mich herum saßen Mädchen um die zwanzig, manche jünger, manche höchstens in meinem Alter. Oberflächlich merkte man ihnen nichts von ihrer Geschichte an, ebenso wenig wie man mir meine Biografie einfach ansieht. Opfer von Sklaverei sehen ja nicht anders aus als Menschen, denen ich auf der Straße begegne.

Umso mehr erschütterte mich der Gedanke daran, wie komplett verschieden unsere Leben verlaufen waren. Ich bin in Freiheit aufgewachsen, sie in Gefangenschaft. Ich hatte eine behütete Kindheit, manche dieser Frauen waren schon als Kinder verkauft und seitdem unzählige Male vergewaltigt worden. Mein größtes aktuelles Problem war, dass ich nicht wusste, was ich mit meinem Examen anstellen sollte. Diese Frauen hatten noch nie eine Schule von innen gesehen, geschweige denn waren sie jemals vor irgendeine Wahl gestellt worden. Mein Tunnel, der mir bis letztes Jahr wie ein Gefängnis erschienen war, war zwar real gewesen, aber lächerlich wenig beängstigend im Vergleich zu ihren Qualen.

Später erfuhr ich von Sozialarbeiterinnen mehr über das Leben, das Überlebende in solchen Schutzhäusern – in Kambodscha, aber auch in anderen Ländern – führten. Nhean[4] zum Beispiel wurde, als sie zwölf war, von ihrer Mutter an einen etwa fünfzigjährigen Mann verkauft, der versprach, sie zu heiraten, sich um sie zu kümmern, sie zu lieben. Stattdessen fuhr er mit ihr in die nächste Stadt und verkaufte sie an ein Bordell, wo sie als Sexsklavin bis in unabsehbare Zukunft Freier bedienen musste. Nach mehreren Jahren wurde sie im Rahmen einer Polizeirazzia befreit.

Auch Chendas Schicksal traf mich: Sie wurde schon als kleines Kind von ihrem Stiefvater missbraucht. Irgendwann hielt sie es nicht mehr aus, lief davon und irrte durch die Straßen, bis sie von einer Gruppe junger Männer aufgegriffen wurde. Die hielten sie fest, sperrten sie in einem abgelegenen Haus ein und missbrauchten sie dort über Monate hinweg. Chenda konnte sich nicht mehr genau erinnern, was alles mit ihr passiert war, aber als die Männer wohl „genug" von ihr hatten, warfen sie sie auf die Straße zurück, wo man sie halb tot fand.

Mit Mädchen wie Nhean und Chenda sollten wir nun Postkarten basteln. Etwas in mir sträubte sich dagegen. Das Ganze machte weder ihnen noch uns wirklich Freude. Der Grund schien mir auch auf der Hand zu liegen: Die Karten waren für mein Empfinden nicht gerade schön und die Bastelei war nur eine etwas bessere Ablenkung. Teils machten die Bewohnerinnen einen fast apathischen Eindruck und die Stimmung war sehr nüchtern.

Als ich einen Mitarbeiter vorsichtig darauf ansprach, was denn ihre Möglichkeiten hier und im Anschluss an ihre Unterbringung im Schutzhaus wären, berichtete er, dass das tatsächlich ein Problem war. Bisher lag der Fokus in diesem Arbeitsfeld vor allem darauf, die Frauen ausfindig zu machen, in Kooperation mit den Behörden zu befreien und an sichere Orte zu bringen. Aber vielen fehlte auf lange Sicht ein neues Zuhause, das ihnen wieder Stabilität geben konnte.

Das ließ mir für den Rest der Zeit, die wir in Kambodscha verbrachten, keine Ruhe. Die Frauen schienen mir wie zwischengeparkt, zwar an einem friedlichen Ort, aber das konnte es doch nicht gewesen sein. Die Gerechtigkeit war greifbar, aber es fehlte etwas Entscheidendes. Wo waren die Ideen für ihren Neuanfang? Wo war das Happy End? Oder wenigstens das Drehbuch dafür? Oder doch zumindest jemand, der gerade dabei war, an einem zu schreiben?

Ich spürte, wie ich mir ganz tief wünschte, dass es den Frauen, die diese Ungerechtigkeit hatten durchleben müssen, richtig gut ging und sie wieder einen Sinn im Leben sehen konnten. Mein Herz war schon für sie gebrochen, jetzt fing es Feuer. Mir wurde klar, dass ich die Sache selbst mit anpacken wollte.

Die Frauen und ihre Geschichten hatten einen so selbstverständlichen Platz in mir eingenommen, dass für mich schon nach wenigen Tagen gar nicht mehr infrage stand, ob ich mich für sie engagieren wollte oder nicht. In meinem Outreach-Team war ich die Einzige, die sich ihnen so sehr verbunden fühlte. Vielleicht hing es damit zusammen, dass ich meinte, das Gefühl der Unfreiheit so gut zu kennen? Dieser Vergleich scheint zwar alles andere als angemessen oder fair, aber so hätte ich es mir erklären können.

Zusammen mit dem neuen Feuer glühte auch eine Idee in mir auf: Wie schön wäre es, wenn Frauen, die so etwas durchmachen mussten, lernen könnten zu nähen! Ja, es mochte zunächst nicht auf der Hand liegen, aber für mich war das Kleidermachen ein Schritt der Selbstermächtigung gewesen, hatte mich aus Denkgefängnissen befreit: Ich kann nichts richtig. Ich weiß nicht, wofür ich hier bin. Ich produziere nichts von Wert. Ich werde mein Leben lang eine Arbeit tun, die mir nicht gefällt...

Konnte nicht etwas von dieser befreienden Kraft auch ins Leben dieser Frauen kommen, die es noch so viel mehr brauchten, gestärkt zu werden?

Mit dieser noch rohen Idee und vielen Eindrücken, die mir sagten, dass ich nicht völlig auf der falschen Spur war, flog ich zurück nach Australien. Ich erzählte unserem Leiter Andrew davon, wie mich die Begegnung mit den „survivors" verletzt und zugleich etwas in mir wachgerüttelt hatte und dass das meinen Lebenslauf nicht unberührt lassen würde. Es war wohl in diesem Moment, dass ich zum ersten Mal meine Vision ganz klar formulierte: „Ich will in Deutschland ein Modelabel gründen, das diesen Frauen langfristig helfen wird."

In Andrews Gesicht las ich ein bestätigendes Lächeln. Auch er muss gespürt haben, dass mein Tatendrang kein flüchtiges Gefühl war, welches, erst einmal zurück im bequemen Deutschland, in der Truhe der Reiseerinnerungen verschwinden würde. Wie er es uns zu Beginn prophezeit hatte, hatte ich während meines „Abenteuers" genau das gefunden, was ich brauchte. Mit diesem Wissen verabschiedete er mich.

„Mein Herz war für sie gebrochen, jetzt fing es Feuer."

Sklaverei im 21. Jahrhundert

Menschenhandel, englisch „human trafficking", ist kein Wort, das für Thriller und Horrorgeschichten erfunden wurde. Es ist ein hochaktuelles, globales Milliardengeschäft, durch das nicht nur Bordellringe zu neuer „Ware" kommen, sondern von dessen Erlösen ganze Kriege finanziert werden. Und es wächst schneller als jedes andere kriminelle Business auf unserem Planeten. Die Europäische Kommission schätzt die Profite krimineller Netzwerke aus Menschenhandel weltweit auf über 25 Milliarden Euro im Jahr.[5] Deutschland ist einer der Hauptumschlagplätze für den Schmuggel von Menschen in Europa.

30 Prozent aller weltweiten Opfer von Menschenhandel sind minderjährig, drei Viertel sind Mädchen und Frauen, von denen 72 bzw. 83 Prozent im Sexgeschäft landen. Menschenhandel zum Zweck sexueller Ausbeutung (sex trafficking) ist nach dem Global Report des Büros der Vereinten Nationen für Drogen- und Verbrechensbekämpfung (UNODC) von 2018[6] mit 59 Prozent für die meisten identifizierten Fälle von Menschenhandel verantwortlich.

Menschen werden aber auch in die Textil-, Elektronik- und andere Industriezweige verkauft. Sie sind Arbeitskräfte ohne Rechte, kurz: Sklaven. Der Begriff scheint aus der Zeit gefallen, wir denken an Baumwollfelder in den USA oder noch weiter zurück, zu Spartacus oder dem Pyramidenbau im antiken Ägypten. Wir wollen glauben, so etwas gäbe es im 21. Jahrhundert nicht mehr. Dabei gab es in absoluten Zahlen nie mehr Sklaven auf der Welt als heute.[7] Das ist ein Fakt. Und kaum einer weiß davon.

Der Global Slavery Index der australischen „Walk Free"-Stiftung von 2017 spricht von mehr als 40 Millionen Menschen in sklavischer Abhängigkeit. Sie werden als Eigentum anderer behandelt und haben nicht die Freiheit, eine Arbeit abzulehnen oder über ihren Körper selbst zu bestimmen. Und wenn sie sich in Schuldsklaverei befinden, geht ihr „Job" direkt auf ihre Kinder über. Wegen ehemals winziger Darlehen schuften darum Generationen auf Feldern, in Bergwerken, in Ziegeleien oder in anderen Knochenjobs.

Sklaverei ist an vielen Orten auf der Welt banale Normalität. Doch kaum jemand weiß davon. — Oder? Die Wahrscheinlichkeit, dass ein Bordellbesucher – vor allem in Deutschland – Kontakt zu verschleppten Mädchen hat oder zu Frauen, die einer Lüge aufgesessen sind und gezwungen werden, in dem Milieu ihre vermeintlichen Schulden abzuzahlen, ist sehr hoch. Aber auch „unschuldige" Konsumenten von Importwaren, sprich wir alle, tragen die Verbrechen manchmal im wahrsten Sinne, wenn auch unwissentlich, mit: Kleidung ist nach Unterhaltungselektronik die für Sklaverei anfälligste Produktgruppe.

Keiner muss ein moderner Spartacus werden, um etwas zu bewegen. Es gibt bereits viele Initiativen und Organisationen, die sich um dieses Problem kümmern. Aber sie brauchen unsere Unterstützung und unsere Aufmerksamkeit. Unser Wohlstand ist alles andere als eine Selbstverständlichkeit. Er basiert unter anderem darauf, dass sich die Strukturen nicht verändern, die einen großen Teil der Welt in Armut halten – Armut, die Leute in die Sklaverei zwingt.

KAPITEL 7

Feuerprobe und Reifezeit

Ich landete in Deutschland und brachte das Feuer mit, nach dem ich gesucht hatte. Es loderte, brauchte Brennstoff und ich wollte es so gut damit versorgen, wie ich konnte. Die Arbeit konnte beginnen.

Meinen neuen Platz fand ich in einer Wohngemeinschaft in Stuttgart mit drei anderen jungen Frauen, die alle dabei waren, einen Weg in kreative Berufe einzuschlagen, oder schon die ersten Schritte machten. Dieses Umfeld tat mir gut und war wichtig, um auch Motivation für meine eigenen Pläne zu tanken.

Mein nächstes Ziel war es, eine Modeschule zu besuchen, um alles Notwendige für das Business zu lernen, das ich aufziehen wollte. Ich recherchierte und nahm voller Vorfreude an Probetagen teil. Weil ich keine Schneiderin, sondern Juristin war, wählte ich Schulen mit leichteren Aufnahmebedingungen und Studienprogrammen aus, von denen ich mir kein umfängliches Modedesignstudium, sondern einen schnellen Durchlauf durch alles versprach, wovon ich glaubte, für mein Projekt ein bisschen Ahnung haben zu müssen. Leider hatte ich die Rechnung ohne die Schulgebühren gemacht. 30.000 Euro sollte die dreijährige Ausbildung kosten.

Wochenlang haderte ich mit mir und fragte schließlich meine Eltern, ob sie mich unterstützen wollten. Nun ja, es war ein Bußgang („ich kann doch nicht alles allein") und die Antwort war mir eigentlich von vornherein klar. Mein Vater hatte mir zwar während meines Aufenthalts in Australien in einem sehr einfühlsamen Telefonat gesagt, dass er froh war, dass ich mir diese Zeit gegönnt hatte. Als ich ihm jetzt aber auftischte, dass ich nicht, wie nach dem Ersten Staatsexamen üblich, mein Referendariat absolvieren würde, sondern ins Modegeschäft einsteigen wollte, mehr noch, dass ich von Deutschland aus ein soziales Unternehmen mit traumatisierten Frauen irgendwo am anderen Ende der Welt aufbauen wollte, da dachte er, ich flippe wirklich aus. Einen Ausbruch aus dem Lebenslauf hatten er und meine Mutter noch verkraftet, aber das hier ging ihnen eindeutig zu weit. Sie wollten mich um jeden Preis davor bewahren, irgendwelche Luftschlösser zu bauen und daran zugrunde zu gehen. Unterstützung kam gar nicht infrage.

Enttäuscht, wenngleich nicht überrascht, fand ich mich am Boden wieder. Am Boden der Tatsachen. War damit alles gestorben? Mein Vorhaben, selbst noch tiefer ins Modehandwerk einzusteigen, hatte sich jedenfalls erledigt. Ich prüfte, ob das Feuer noch in mir brannte. Ja, es war noch da. Also zählte ich ganz nüchtern zusammen: Ich konnte mir keine zweite Ausbildung leisten, schön, dann musste ich eben wieder einmal geduldig sein und doch mein Referendariat absolvieren, die Prüfung fürs Zweite Staatsexamen ablegen und erst einmal als Juristin arbeiten. Nicht, weil ich auf den alten Karrierekurs zurück wollte, sondern weil ich so immerhin das Startkapital für das Projekt ansparen konnte, welches ich dann eben parallel zu meinem ersten Job aufbauen würde. Kleine Planänderung.

Manchmal passieren eben nicht die Sachen, die man sich vorgestellt hat, das muss aber nicht gleich das Ende bedeuten. Diese Lektion hatte ich in Australien gelernt. Und die Entdeckung meines neuen Herzensanliegens sowie der Entschluss, es zu verfolgen, gaben mir offensichtlich genug Energie, auch Widerstände auszuhalten.

Okay, dann werde ich eben erst in zwei Jahren Gründerin, und das, ohne selbst Haute Couture schneidern zu können. Mir wird schon die richtige Unterstützung über den Weg laufen. Und sonst beginne ich eben mit Basics: T-Shirts und Tops, wegen mir auch Socken. Hauptsache: dranbleiben!

Zwei Jahre lang konzentrierte ich mich auf mein Referendariat, durchlief sechs dreimonatige Stationen, dazu die Prüfungen des Zweiten Examens – ein Albtraum. Doch indem ich ihn zum Teil meines Traums machte, war der Albtraum nicht mehr so erschreckend. Danach, ja danach würde ich das Modeprojekt starten und so lange durfte die Idee reifen und wachsen. Schließlich fehlten mir neben dem Startkapital eh noch eine Reihe wichtiger Bausteine für die Gründung und um die konnte ich mich auch jetzt schon anfangen zu kümmern:

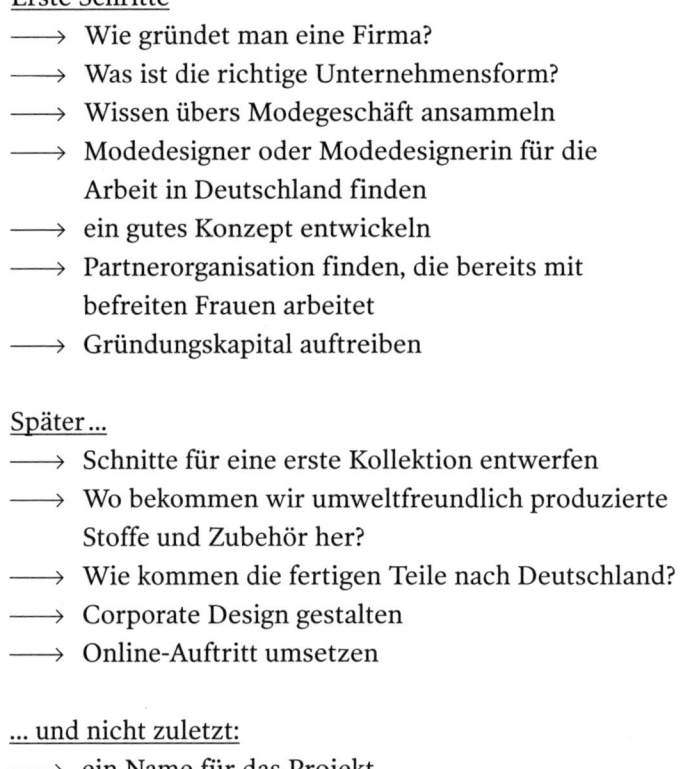

Erste Schritte
——→ Wie gründet man eine Firma?
——→ Was ist die richtige Unternehmensform?
——→ Wissen übers Modegeschäft ansammeln
——→ Modedesigner oder Modedesignerin für die
     Arbeit in Deutschland finden
——→ ein gutes Konzept entwickeln
——→ Partnerorganisation finden, die bereits mit
     befreiten Frauen arbeitet
——→ Gründungskapital auftreiben

Später...
——→ Schnitte für eine erste Kollektion entwerfen
——→ Wo bekommen wir umweltfreundlich produzierte
     Stoffe und Zubehör her?
——→ Wie kommen die fertigen Teile nach Deutschland?
——→ Corporate Design gestalten
——→ Online-Auftritt umsetzen

... und nicht zuletzt:
——→ ein Name für das Projekt

In dieser Zeit wuchs auch meine Beziehung mit Simon weiter und es zeichnete sich ab, dass sie von Dauer sein würde. Unser Weg zueinander und miteinander stagnierte nicht, er blieb lebendig. Keiner engte den anderen ein, und das Wichtigste: Das Leben zusammen wurde nicht langweilig. Das lag auch daran, dass wir uns gegenseitig Inspiration und Stütze für unsere Ideen und Leidenschaften waren. Simon war mir in meiner neuen Mission ein treuer und vor allem der denkbar kreativste Sparringspartner. Mit ihm konnte ich alles besprechen und reflektieren und Stück für Stück fing auch er Feuer für die Idee eines sozialen Modelabels.

Das lag nicht nur daran, dass wir schon lang eine gemeinsame Liebe zu cooler Mode pflegten. Seit einiger Zeit kam noch unsere wachsende Skepsis gegenüber der herkömmlichen Textilindustrie hinzu. Die Herstellungsbedingungen in Fernost waren immer mehr publik geworden: die an Sklaverei grenzenden sogenannten Sweatshops mit ihren Niedrigstlöhnen, von denen Fabrikarbeiter nicht leben konnten, die giftigen Inhaltsstoffe und Abfälle, die Auswirkungen unseres Kleiderkonsums auf die Weltgesellschaft und das Klima. In den nächsten Jahren mehrten sich dazu Berichte über Katastrophen in Bangladescher Kleiderfabriken.

Sehr zu unserer Freude formierte sich auch eine Gegenbewegung dazu: Die ersten deutschen Labels, die sich für faire Arbeitsbedingungen und Umweltschutz einsetzten, gingen an den Start, zum Beispiel Armed Angels aus Köln. Und in Stuttgart eröffnete der erste kleine Laden für ausschließlich bio-faire Freizeitkleidung.

Ein neuer Swell breitete sich aus und die Welle, wenngleich sie noch klein war, packte uns beide gemeinsam. Wir suchten uns mehr Informationen und merkten, dass wir nicht mehr mit einem ruhigen Gewissen in die großen Läden spazieren und uns Jeans und T-Shirt kaufen konnten. In den Fabriken, die für die großen Marken und Ketten produzierten, passierte (und passiert immer noch) zu viel, was gegen unser Verständnis von einer gerechten und gesunden Welt verstieß. Wir wollten keine Komplizen dieses Systems sein und derer, die meinten, sie könnten die Kosten für die kleinen Preise, die wir hierzulande für *Fast Fashion* zahlen, weit weg in der Türkei, Bangladesch oder Vietnam verstecken. Wir beschlossen, diese Art von Mode zu fasten – für immer.

In den letzten Jahren wurden immer mehr Medien auf das Thema aufmerksam, auch der Markt für faire Mode ist ungeheuer gewachsen, aber noch in den späten Nullerjahren waren wir ziemliche Exoten auf einem Ökotrip, wenn wir nach Bio-Baumwolle und fairen Produktionsbedingungen Ausschau hielten.

Damit stand für mich fest, dass diese Dimension ein wichtiger Teil meines Projekts werden würde. Die Kleidung, die bei uns entstehen würde, sollte absolut fair entlohnt werden und nur unbedenkliche Materialien enthalten. Wenn die Großen das nicht hinbekamen, dann mussten wir es eben selbst in die Hand nehmen!

Textilindustrie vs. faire Mode

Wenn man ein einfaches T-Shirt mit seinen vielleicht 150 Gramm Stoff im Laden hängen sieht, ist es schwer, sich vorzustellen, wie viele Arbeitsschritte und wie viele Kilometer nötig waren, um es zu fertigen und genau hierher auf den Bügel zu bringen. Diese Schritte sind dafür notwendig:

→ Rohstoff: meist Baumwolle, Anbau vor allem in China, Indien und den USA
→ Spinnerei: die Baumwolle wird zu Garn verarbeitet
→ Weberei/Strickerei: aus dem Garn entstehen lange Stoffbahnen
→ Textilveredelung: Waschen, Färben, Bleichen
→ Konfektionierung: die Stoffe werden geschnitten und zu Kleidungstücken genäht
→ Transport: ins Lager der Marke, zu Onlinehändlern oder in den stationären Handel

Für gewöhnlich findet jeder dieser Prozessschritte in einer anderen Firma, meist in verschiedenen Ländern, oft sogar auf verschiedenen Kontinenten statt. Die Bestandteile des T-Shirts haben damit eine Reise von mehreren zehntausend Kilometern hinter sich und hinterlassen einen entsprechend großen CO_2-Fußabdruck. Macht man sich diese Wege bewusst, wird klar, dass bei einem T-Shirt-Preis von 4,90 Euro irgendwo extrem gespart werden muss… nämlich bei Mensch und Umwelt, Gesundheit und Gerechtigkeit.

Die Mode- und Textilwirtschaft ist eine der größten Industrien weltweit. Ihre Produktionsmenge hat sich allein von 2000 bis 2014 mehr als verdoppelt, in jenem Jahr wurden erstmalig über 100 Milliarden Kleidungsstücke hergestellt.[8] In Deutschland werden über neunzig Prozent der verkauften Textilien importiert – bislang über die Hälfte davon aus China, Bangladesch, Indien und der Türkei, doch immer mehr auch aus „Noch-billiger-Lohn-Ländern" in Afrika, Südostasien und Südosteuropa.[9] Die Fabriken in den wirtschaftlich schwächeren Ländern sind meist auf die Aufträge aus dem Ausland angewiesen und lassen sich daher unter dem Druck der mächtigen Konzerne auf Preise herunterhandeln, mit denen keine existenzsichernden Löhne an die Näher und Näherinnen gezahlt werden können.

Dazu kommen weitere Schattenseiten, von denen der Endkonsument nichts erfährt: zahlreiche – oft unbezahlte – Überstunden, Kinderarbeit, Diskriminierung von Frauen, Verhinderung von gewerkschaftlicher Organisierung, massive Rechtsverletzungen, katastrophale Arbeitssicherheit. Die Arbeiter sind jedoch ebenfalls auf die Jobs angewiesen: Lieber eine Anstellung zu menschenunwürdigen Bedingungen als überhaupt kein Einkommen.

Die Alternative ist heute längst keine Ausnahme mehr. Die Auswahl an fair produzierenden Herstellern ist in den 2000er-Jahren extrem gewachsen. Dadurch ist es auch heute, entgegen des früheren Images, nicht mehr umständlich, unmodisch (Jutesack und Filzpantoffel) oder unbezahlbar faire Mode zu kaufen. In Deutschland gibt es in jeder größeren Stadt Läden, die sich ausschließlich auf fair gehandelte Kleidung spezialisiert haben. Von Sneakers über Unterwäsche und Mützen bis zum Bikini findet man mittlerweile alles in ansprechenden Looks und hochwertiger Qualität. Viele Marken bestimmen sogar den neuen Takt im Design mit.

Dass das Preisniveau im fairen Bereich trotzdem höher liegt als im konventionellen, liegt genau daran, dass die Hersteller sich und ihre Zulieferer zu einer Reihe von Kriterien[10] verpflichten, die die Produzierenden schützen sollen:

⟶ mindestens existenzsichernde Löhne
⟶ feste Beschäftigungsverhältnisse
⟶ Sicherheit und Gesundheitsschutz
⟶ Recht auf Bildung von Gewerkschaften
⟶ keine exzessiven Arbeitszeiten
⟶ keine Diskriminierung
⟶ keine Kinderarbeit
⟶ keine Zwangsarbeit

Dazu gehört meist auch die Umweltverträglichkeit der Produktionsprozesse. Beim kontrolliert biologischen Anbau von Baumwolle wird auf giftige Pestizide und chemische Dünger verzichtet. Außerdem verbraucht er deutlich weniger Wasser und Energie als herkömmlich, weil die Baumwolle vor allem in Gegenden mit Regenzeiten angebaut wird und dadurch natürlich bewässert werden kann.

Neben Bio-Baumwolle gibt es immer wieder neue Materialinnovationen, zum Beispiel Lyocell, das im Handel häufig unter dem Markennamen Tencel zu finden ist. Grundlage für diesen Stoff ist eine aus Eukalyptusholz gewonnene natürliche Zellulosefaser, die sehr umweltverträglich verarbeitet werden kann und als zu hundert Prozent biologisch abbaubar gilt.

KAPITEL 8

Das Puzzle setzt sich zusammen

Nach und nach entwickelten Simon und ich die Idee des Modeprojekts nun gemeinsam weiter. Wie ein Vogel flog sie manchmal zwischen unseren Köpfen hin und her. Ich genoss unsere kreativen Höhenflüge und wie die Fantasie manchmal mit uns durchging.

Um den geplatzten Plan mit der Modeschule wenigstens etwas aufzuwiegen, besuchte ich weitere Kurse im Nähen und Modezeichnen, und auch solche in Unternehmensgründung. Zusätzlich las ich mir in meiner Freizeit alles an, wovon ich meinte, es könnte bald nützlich sein: Wie funktionieren Sozialunternehmen? Wie tickt die Modebranche? Wo überall findet Zwangsprostitution statt? Und wer hilft den Überlebenden bereits?

Simon hatte inzwischen auch mehr Kontakt zu seinen eigenen Leidenschaften aufgenommen, den Schritt in die Welt der Kreativen gewagt, und absolvierte ein Studium in Mediengestaltung. Mittlerweile verstanden wir uns als kleine Botschafter für gerechtere Produktionsbedingungen in der Textilbranche. Davon ließen sich zwei von Simons Kommilitonen direkt inspirieren und entwarfen ihrerseits ein Gestaltungskonzept für ein fiktives Modelabel, das ungefähr nach meinen Plänen aufgebaut war. Dafür benötigten sie auch eine echte Kollektion, die sie probehalber darstellen konnten, und fragten mich an.

Geplättet davon, welche Kreise meine eigentliche noch embryonale Idee bereits zog, setzte ich mich an die Nähmaschine. In der Nacht. Denn tagsüber machte ich gerade Station in einer Anwaltskanzlei.

Etwa sechs Wochen lang ging das so und dann war sie fertig: meine erste kleine Kollektion!

Wir machten ein Shooting. Fragten Models an – die uns zum Teil noch Jahre begleiteten. Unsere Freunde gestalteten Kataloge. Am Ende hatten wir dank dieser Zusammenarbeit einen kompletten Probelauf für unser Projekt durchgemacht. Es gab plötzlich echte Erfahrungen und Fakten. Fakten zum Anziehen. Und eine erste kleine Community.

Spätestens jetzt fühlten wir uns ein bisschen wie Start-up-Gründer. Und ebenso plötzlich, wie wir in der Betaphase gelandet waren, so plötzlich bekam unser Vorhaben auch seinen ersten Namen.

Simon und ich gönnten uns zwei Tage am Bodensee. Wir saßen in einem Café mit Blick aufs Wasser, unterhielten uns wie so oft über „das Projekt", wie wir es noch nannten. Und weil wir nur zu zweit waren, scherzten, träumten und imaginierten wir ohne Hemmungen vor uns hin – natürlich immer mit einem allerletzten Rest Bodenhaftung. Als erwarteten wir in Kürze unser erstes Kind (das leibliche ließ noch drei Jahre auf sich warten), begannen wir, Namenstennis zu spielen. Die Listen füllten sich mit Begriffen und unsere Gedanken kreisten um fair-green-hope-clothing-irgendwas.

„Du, ich bin in letzter Zeit immer wieder über dieses englische Wort gestolpert", riss mich Simon plötzlich aus meinen Brainstorm. „*Glimpse*... schon mal gehört? Das finde ich irgendwie cool."

„Das gibt's doch nicht!", rief ich fast und schlug mit der Hand auf den Tisch. Leute drehten sich überrascht zu uns um. Ich dämpfte meine Stimme wieder ein bisschen und rutschte auf meinem Plastikstuhl nach vorn. In Australien war ich in verschiedenen Büchern[11] immer wieder über dieses eigentlich selten gebrauchte Wort gestolpert und sein eigentümlicher Klang war haften geblieben.

Ein *glimpse*, das ist ein flüchtiger Blick, den man von etwas erhascht. Ein kurzer Einblick. Ein Schimmer. Für uns auch: ein Hoffnungsschimmer. *Glimpse* sprach die Sprache des Anbeginns, des Aufbruchs. Und uns gefiel das Geheimnisvolle, aber auch die Leichtigkeit, die von diesem beinahe verschmitzten Wort ausgingen. Wir waren uns einig, so sollte „das Projekt" heißen. Eine kurze Suche im Internet. Eine schnelle Recherche beim Markenregister. Pronto. Der Name *Glimpse* sollte bald uns gehören.

Der Zug nahm Fahrt auf, doch die Besatzung war noch nicht vollständig: Es fehlte jemand, der sich wirklich mit Mode auskannte, und eine Partnerorganisation, die bereit war, eine Nähwerkstatt aufzubauen. Langsam nahte auch das Ende meines Referendariats und ich hätte bald mehr Zeit, Pläne in die Tat umzusetzen.

Eineinhalb Jahre hatte ich mich durch die deutsche Rechtswelt gekämpft, jetzt fehlte mir nur noch meine Wahlstation. Hm, ich habe wirklich die freie Wahl?, dachte ich. Das könnte doch die Möglichkeit sein, Australien einen erneuten Besuch abzustatten. Ich vermisste das Wasser, ich vermisste das Meer, es war endlich einmal wieder Zeit fürs Surfbrett.

Also suchte ich im Internet nach Anwaltsbüros „down under". Schließlich landete ich auf der Seite eines Anwalts in Brisbane, der sich auf die Antidiskriminierungsgesetze für Aborigines spezialisiert hatte. Nach einer unkomplizierten Bewerbung hatte ich meine Wahlstation in der Tasche. Verrückt, wie leicht es manchmal dann doch war!

Ich ahnte nicht, dass ich nicht nur mit Einblicken in die Arbeit eines australischen Menschenrechtsanwalts und ein paar erfolgreich gesurften Wellen, sondern auch mit dem wichtigsten Puzzleteil für mein Projekt zurückkehren würde.

Es war kurz vor dem Rückflug nach Deutschland und ich lieh mir einen nur geradeso fahrtauglichen Haufen Schrott für einen kleinen abschließenden Ausflug Richtung Norden nach Maroochydore. Natürlich wollte ich dem Team von YWAM Hallo sagen und mich mit meiner damaligen Mentorin Cat treffen.

Es war ein wunderbares Wiedersehen. Wir erzählten uns, was die letzten knapp zwei Jahre passiert war, und ich berichtete Cat von meinen Plänen, aber auch von unserem Dilemma: Ich war knapp davor,

Volljuristin zu werden, bald würde ich die Zeit haben, auf die ich so lang gewartet hatte. Aber für das Projekt fehlte mir die Kompetenz im Modebereich. Ich wusste nicht, wie ich ein Modelabel gründen sollte ohne Modemacher, und in den letzten Monaten war mir niemand begegnet, mit dem ich es mir hätte vorstellen können.

Cat bekam immer größere Augen, während ich ihr meine Situation schilderte, bis sie mir nach einer Weile ins Wort fiel: „Nathalie! Ich kenne da vielleicht jemanden." Sie begann, mir von Teresa zu erzählen. Sie kam aus München, war in meinem Alter, Modedesignerin und – hier machte Cat eine Kunstpause – während ihres Outreachs hat sie in einem Schutzhaus für Überlebende aus der Zwangsprostitution mitgeholfen und mit ihnen T-Shirts genäht. „Sie wollte vielleicht etwas Ähnliches von Deutschland aus aufbauen", schloss Cat ihren Bericht ab.

Ich konnte es wirklich kaum glauben: eine Modedesignerin, deren Herz ganz zufällig für die gleiche Sache zu schlagen begonnen hatte wie meines? Diese Offenbarung klang mehr als verheißungsvoll.

Sehr aufgeregt nahm ich Kontakt zu Teresa auf und besuchte sie in München. Sie hatte eine Meisterschule als Schneiderin und Modedesignerin besucht und war danach in Australien gewesen. Von dort war sie nach Thailand gereist und hatte einen Monat in einem kleinen Nähprojekt geholfen, Schnitte für T-Shirts anzufertigen. Sie hatte also schon konkrete Erfahrungen gesammelt, wo ich noch am Spekulieren war. Auch sie war von den Geschichten der versklavten Frauen zutiefst berührt und wollte sie gern mit ihren Mitteln irgendwie unterstützen. Ebenso schlug ihr Herz für eine gerechtere und umweltverträglichere Modeindustrie.

Konnte das wahr sein? Genau so jemanden hatte ich gesucht. Und Teresa hatte auf einen Vorschlag wie Glimpse geradezu gewartet. Es passte wie Nadel und Faden. Gemeinsam überlegten wir, welche Möglichkeiten ein gemeinsames Projekt hätte. Eine Ausbildung zur Näherin als Therapieweg – war so etwas möglich? Und würden wir in Deutschland Händler und eine Community finden, die auf diese Idee ansprach? Wir fanden, es war den Versuch wert. Mithilfe von Mode konnten wir hierzulande auch auf die Geschichten der Mädchen aufmerksam machen, Aufklärungsarbeit mit Lifestyle verknüpfen. Darum wollten wir auf jeden Fall besondere Sachen herstellen, keine Standardmode.

Auch Simon und Teresa lernten sich kennen. Nach ein paar weiteren Treffen, bei denen wir uns beschnupperten und unsere Ideen miteinander abglichen, sagte Teresa zu, dass sie dabei sei.

Wir beschlossen, alle drei in die Gründung von Glimpse einzusteigen, und hatten dafür auch ähnliche Voraussetzungen: Wir waren nicht mehr blutjung, hatten bereits unseren Drang, mehr von der Welt zu sehen, etwas befriedigt und waren bereit, langfristig Verantwortung zu übernehmen. Jeder hatte sich etwas zurückgelegt, um das Startkapital für die Gründung einer GmbH aufzubringen.

Teresa arbeitete in Teilzeit in einem Modeladen, um nebenher Freiraum für ein anderes Engagement zu haben. Simon begann nach seinem Studium in einer Agentur zu arbeiten und konnte sich vorstellen, nebenher Zeit in das Projekt zu investieren. Und ich? – Ich hatte aus dem Referendariat meine erste Stelle mit herübergerettet, die mir genug Sicherheit und Freiräume versprach, um mich in die Gründungsphase zu stürzen.

Vor meinem Referendariat hatte ich noch nie von dieser Institution gehört: Landesanstalt für Kommunikation (LFK) Baden-Württemberg. Ich brauchte noch eine Station für öffentliches Recht, und Kommunikation klang besser als Bau- oder Landratsamt, also bewarb ich mich aus Neugierde – ohne zu wissen, welche Tätigkeit hier auf mich zukommen würde. Drei Monate lang dokumentierte ich kleine und große Verstöße gegen den Jugendschutz im Internet und legte zum Beweis Screenshots von all den verstörenden und deprimierenden Inhalten an, die ich fand: rechtsradikale Agitation, Mobbing, Selbstmordforen oder Infoseiten über Kannibalismus. Und natürlich die ganze Pornografiemaschinerie.

Da hatte es genau die Richtige getroffen. Vor allem tagtäglich die virtuellen Hinterzimmer der Sexindustrie zu betreten, blies mein inneres Feuer noch einmal richtig an. Jedes menschenverachtende Bild, jeder erniedrigender Kommentar in einem Forum war perfektes Brennmaterial. Und ich dachte mir: Jetzt erst recht!

Nach meinem Zweiten Staatsexamen stieg ich dann ganz bei der LFK ein und freute mich, auch als Juristin eine sinnvolle Arbeit gefunden zu haben – schließlich hatte ich das während meines gesamten Studiums für unmöglich gehalten. Anders als in Anwaltsbüros war ich hier, im öffentlichen Dienst, außerdem vor zu vielen Überstunden sicher und hatte eine gute Basis, um mich in der Freizeit mit dem Aufbau des Start-ups zu beschäftigen.

KAPITEL 9

Unterstützung aus Washington

Jetzt waren wir also zu dritt. Wir hatten einen Namen. Wir hatten ein grobes Konzept. Wir wussten, was wir anpacken und wie wir helfen wollten. Aber wir wussten noch nicht, wo. Wir wollten unser Netzwerk nutzen, um in Deutschland die Mode zu verkaufen und Aufklärungsarbeit zu betreiben. Simon und ich fühlten uns dafür in Stuttgart auch am richtigen Platz, wir hatten nicht vor auszuwandern; ein Jahr später würden wir heiraten und zusammenziehen. Auch Teresa wollte in München bleiben. Für die Arbeit mit den Frauen brauchten wir also erfahrene und verlässliche Partner vor Ort, die bereits mit Überlebenden aus dem Menschenhandel arbeiteten.

An dieser Stelle zahlte sich mein Jurastudium doch noch aus. In meiner Zeit in Tübingen hatte ich Andreas kennengelernt, einen sehr engagierten jungen Mann, der damals ein paar Semester weiter war als ich und für Menschenrechtsthemen brannte. Er hatte sogar eine kleine Gruppe von Leuten gegründet, die sich für mehr Menschlichkeit in der Rechtswelt einsetzen wollten und in der ich etwas Anschluss gefunden hatte. Später erfuhr ich, dass Andreas gemeinsam mit anderen jungen Erwachsenen einen deutschen Ableger der International Justice Mission (IJM) mit gegründet hatte.

IJM ist eine gemeinnützige Nichtregierungsorganisation, die sich seit 1997 in Ländern in Asien, Afrika, Lateinamerika und Europa für Menschen in Armut einsetzt, die von Sklaverei, Menschenhandel und anderen Formen von Gewalt betroffen sind. Auch während meiner Recherchen in Australien war ich mit deren Arbeit in Kontakt gekommen. Mich faszinierte ihre Arbeitsweise, die mich ein wenig an Agentenfilme wie „Mission Impossible" erinnerte: Die Organisation beschäftigt professionelle Ermittler, die in gefährlichen Undercover-Aktionen nach Opfern von Menschenhandel, Zwangsprostitution und Sklaverei suchen und diese Fälle für spätere Gerichtsverhandlungen dokumentieren. Dann führen sie mit den örtlichen Behörden Razzien in den Rotlichtmilieus durch und befreien die Betroffenen aus ihren Gefängnissen, woraufhin die Polizei Täter und Gefolgsleute festnimmt. Anwälte von IJM unterstützen dann die Justiz bei der strafrechtlichen Verfolgung der Täter und setzen sich für angemessene Verurteilungen ein.

Jetzt fiel mir die Arbeit von IJM wieder ein. Ich nahm umgehend Kontakt zu Andreas auf, auch wenn ich etwas Respekt davor hatte. Andreas war so einer gewesen, der nicht nur für Gerechtigkeit, sondern auch für Jura gebrannt hatte und absolut wusste, was er damit anfangen wollte. Und jetzt kam ich ihm mit der Idee eines Modeunternehmens. Zu meiner Erleichterung fand er das aber überhaupt nicht abwegig. Er hatte zwar noch nichts von einer ähnlichen Zusammenarbeit gehört, aber er freute sich über unsere Idee, ermutigte mich und bestätigte, dass es in den Einsatzländern, die ich im Blick hatte, noch viel zu wenige Nachsorgeeinrichtungen gab, die den Frauen eine wirkliche Perspektive anbieten könnten. Wirklich weiterhelfen sollten mir aber die Kollegen in der IJM-Zentrale in Washington, zu denen er den Kontakt herstellte.

Washington, warum nicht?, lächelte ich ironisch in mich hinein. Wer konnte schon wissen, wo mich diese Mission noch hintragen würde? Also schrieb ich brav meine E-Mail und erklärte unsere Suche nach einer Partnerorganisation. Es hätte mich nicht überrascht, wenn darauf nie eine Antwort gekommen wäre. Ich war ja nur eine unbekannte junge Frau aus Stuttgart, für Amerikaner quasi Niemandsland. Ich konnte kaum Erfahrungen auf dem Gebiet der humanitären Arbeit vorweisen und hatte noch nichts in der Hand als mein Herz und eine vage Idee, von der noch niemand wusste, ob sie je funktionieren könnte.

Wie glücklich war ich, als nach wenigen Tagen tatsächlich eine E-Mail aus den USA in meinem Postfach landete. Hier in Deutschland lachte mein eigener Vater über unsere Idee, aber in Washington nahm man mich ernst. Und *wie* ernst!

„Es ist toll, dich kennenzulernen und von eurer Vision zu hören", schrieb mir die Nachsorgespezialistin Kathy. „Ich liebe diese Idee!! Es ist genau das, was wir brauchen, um diesen jungen Frauen zu zeigen, dass es andere Wege gibt, wie sie ihr Leben gestalten können, und um unsere westlichen Gesellschaften über das Problem des Menschenhandels aufzuklären. Ja, ich denke, es könnte funktionieren."

Sie warnte mich aber auch davor, wie schwer es sein könnte, so etwas aufzubauen. Mail folgte auf Mail, Kontakt folgte auf Kontakt, mein Anliegen wurde um die ganze Welt geschickt und ich lernte verschiedene Leute kennen, die ähnliche Ideen verfolgt hatten. Die vielversprechendste Spur führte nach Indien, wo Kathy von verschiedenen Nachsorgeprojekten wusste und eine Verbindung zum dortigen IJM Office herstellte. Ihre Kollegen wollten uns dabei unterstützen, hier die richtigen Partner zu finden. Nach ein paar Wochen und einigen Telefonaten hatten wir eine Einladung nach Mumbai. Wow!

KAPITEL 10

Good Morning, Mumbai!

Menschen, Menschen, Menschen. Über 25.000 pro Quadratkilometer. 15 Millionen innerhalb der Stadtgrenzen. Fast 30 Millionen in der Metropolregion. Mumbai, das frühere Bombay, brodelt, wimmelt, lärmt und schockt. In der Megacity an der Westküste Indiens, der momentan viertgrößten der Welt, arbeiten und leben Leute wirklich in jedem Winkel. Entsprechend viele Geräusche begrüßten uns. Und Gerüche. Und Tuk-Tuks: Zehntausende der dreirädrigen, einzylindrigen Autorikschas pressten sich wie kleine Insekten durch die Verkehrsadern und -kapillaren, immer haarscharf an allem vorbei, durcheinander durch oder übereinander weg, wenn das auch noch ginge. Arme oder Beine in den Fahrtwind zu halten, wäre in den meisten Fällen einer Amputationsaufforderung gleichgekommen. Trotzdem, Tuk-Tuks waren unser Verkehrsmittel der Stunde.

IJM hatte für Teresa und mich – Simon musste in seiner Agentur ackern – zwei Wochen geplant, die ich nie vergessen werde. Wir landeten am Chhatrapati Shivaji Maharaj International Airport. Von hier aus orientierten sich Touristen und Backpacker zumeist Richtung Süden in die Nähe des Hafens, wo die Stadtviertel etwas auf den Westen ausgerichtet sind. Je weiter man in den Norden kommt, desto einfacher werden die Verhältnisse und man sieht auch keine Ausländer mehr. Dort lag unsere Unterkunft.

Seit unserer Ankunft schlug mein Puls gefühlt im doppelten Tempo. Mein System hatte ja auch zehnmal so viele Eindrücke wie gewohnt zu verarbeiten. Alle, aber wirklich alle Sinne waren aufs Heftigste gefordert. Auch der Gerechtigkeitssinn. Denn die Not schrie uns schon bei den ersten Fahrten durch Mumbai an.

„Arm" und „reich" schienen mir völlig untertriebene Kategorien, um wiederzugeben, was ich sah, und ihr oft zitiertes Nebeneinander war hier keine Metapher, sondern eine Eins-zu-eins-Bildbeschreibung. Mumbai bringt es auf mehr Millionäre als alle anderen indischen Städte zusammen. Gleichzeitig lebt, trotz Sozialprogrammen, mehr als die Hälfte der Einwohner in einem der über 2.000 auf die Stadt verteilten Slums.[12] Der größte von ihnen, in dem auch ein Teil von Danny Boyles Film „Slumdog Millionaire" spielt, heißt Dharavi: Eine eigene Armenwirtschaftszone und mit knapp einer Million Einwohnern eines der größten Armenviertel Asiens liegt nur wenige hundert Meter neben einem der reichsten Bürokomplexe der City mit seinen spiegelverglasten Hochhäusern. Direkt aus der Mitte der Slums sah ich absurd große, beleuchtete Werbeplakate von Reiseunternehmen und Shopping Malls aufragen. Zu ihren Stahlfüßen stapelten sich die Wellblechhütten. Gewaltige Ansammlungen davon.

Wer nur arm war, schien jedoch noch Glück zu haben in „Slumbai". Die Ärmsten hatten keine Hütte, sie drängten sich unter Brücken oder unter offenem Himmel am Straßenrand zusammen. Zu mehreren Generationen bewohnten Familien Straßengräben. Wirklich kein Platz war unbewohnt. Kleine Kinder sprangen unbeaufsichtigt umher. Es wunderte mich null, dass Minderjährige hier einfach verschwinden konnten. Oder dass Eltern zugriffen, wenn jemand kam, der ihnen etwas Geld gab und dafür einen „besseren" Ort für ihre Kinder versprach und sie von diesen sozusagen erleichterte.

Wir hatten das Hotel noch nicht erreicht, da wurden wir ein weiteres Mal überwältigt. Diesmal jedoch auf ganz andere Weise: Riesige Menschentrauben kamen uns entgegen, tanzten, riefen und gestikulierten ekstatisch. In manchen Straßen fanden spontane Umzüge statt, Leute warfen mit Farbpulver um sich und alle waren am ganzen Körper voll davon. Wir wussten nicht, dass wir mitten am Tag des Holi, einem aus der hinduistischen Überlieferung stammenden indischen Frühlingsfest am ersten Vollmondtag des Monats Phalgun, angekommen waren. Heute gibt es von diesem Fest viele Ableger auf der ganzen Welt, auch die Werbefotografie hat das Thema für sich entdeckt, aber als wir 2012 in Indien waren, konnte der Durchschnittsdeutsche diese Farbexplosionen noch nicht einordnen. Wir auch nicht.

Wir merkten, wie unvorbereitet wir auf dieses Land waren, und kamen uns extrem verloren vor in den Straßenschluchten und Gassen. Andererseits: Wie gut kann man sich auf Indien vorbereiten?

Good Morning, Mumbai! Wie gut tat es uns, dass unsere Tage mit einem Besuch im Büro von IJM starteten. Jeden Morgen nahmen wir hier an den Team-Meetings teil und bekamen Einblicke in die beeindruckende Arbeit dieser Organisation[13]. Sie war, wenn auch aus der Zentrale mitfinanziert, keine Sache der Amerikaner. Fast alle Mitarbeiter in Mumbai waren Inder, die sich für ihre Landsleute einsetzten.

Wir konnten uns mit den Ermittlern unterhalten, die als „Kunden" getarnt die Bordelle besuchten und sich unter Lebensgefahr in den Milieus bewegten, in denen die Frauen festgehalten wurden. Viele kamen selbst von der Straße und kannten den rauen Slang – das war auch nötig, damit sie glaubwürdig waren, schließlich spionierten sie keine Edelpuffs aus, sondern Hinterhofhäuser, die eher die breite Masse der Bevölkerung bedienten. Sie erzählten uns gruselige Geschichten, aber ihr Engagement und Mut waren ansteckend.

In der Zeit, in der wir dort waren, wurden sogar mehrere Razzien durchgeführt. Manche davon wurden wiederum durch undichte Stellen bei den Behörden vereitelt: Die Bordelle waren plötzlich stillgelegt oder umfrisiert, als die Polizei anrückte. Keine Spur von den minderjährigen Zwangsprostituierten, die den Undercover-Mitarbeitern Tage zuvor noch vorgeführt worden waren. Bestechung und Korruption sind in Indien eben leider sehr verbreitet.

Eine lokale Organisation, die wir später kennenlernten, schätzte, dass täglich 160 Mädchen und Frauen in Indien gegen ihren Willen im Sexgeschäft zu arbeiten begannen. Viele kamen, in der Hoffnung auf einen Job und oft den Versprechen von Betrügern folgend, aus den noch ärmeren Nachbarländern Nepal und Bangladesch. Ein Drittel der Prostituierten

71

in den indischen Großstädten war (im Jahr 2011) unter zwanzig Jahre alt, etwa 15 Prozent jünger als 15. Mädchen im Alter von zehn bis zwölf Jahren erzielten die höchsten Preise und nach Zeugenberichten war es normal, bis zu 25 Freiern am Tag gefügig zu sein. Ich hatte Bilder von den Bordellen und Befreiungsaktionen gesehen. Mädchen wurden hier wie Tiere gehalten, in Zimmern nicht größer als ein Aufzug.

Es waren grausame Fakten, aber sie unterstrichen noch einmal, dass unser Projekt auch hier und nicht nur in Südostasien gebraucht werden konnte.

Jeden Nachmittag unseres Aufenthalts vereinbarten IJM-Mitarbeiter Termine und brachten uns zu Nachsorgeorganisationen, mit denen wir möglicherweise eine Partnerschaft eingehen konnten. Es war sehr spannend, in diese Szene einzutauchen und die verschiedenen Hilfsansätze kennenzulernen. Teils kamen wir uns vor wie im rebellischen Untergrund, wo die Guten gegen das System der Ausbeutung arbeiteten.

Nur hätte man im Untergrund wohl nicht so schöne, große Anwesen gehabt wie jenes, auf dem wir uns am dritten Tag plötzlich wiederfanden. Es war ein katholisch geführtes Wohnprojekt mit einem großen schlossartigen Bau aus der Kolonialzeit, umgeben von Palmengärten und kleineren, süßen Häuschen – und das in dieser irren Stadt.

Mitten in diesem Paradies gab es ein komplett leer stehendes Gebäude, das geradezu darum bettelte, für eine Nähwerkstatt genutzt zu werden. Was wir von der Arbeit und Betreuung sahen, gefiel uns sehr, und am liebsten hätten beide Seiten sofort zugesagt – wir und die Schwestern, die das Paradies „bewachten". Doch als wir mit der Leitung des Wohnprojekts die Möglichkeiten besprachen, wurden uns unsere strukturellen Grenzen bewusst. Die Einrichtung war kirchlich gebunden und konnte als solche nicht kommerziell arbeiten, das heißt, sie durften nicht im Auftrag Kleidung herstellen, alles hätte stattdessen über Spenden laufen müssen. Doch genau das wollten wir nicht: Wir wollten keinen Spendenverein, sondern ein Social Business gründen. Und so schlossen sich hinter uns die Tore zum Paradies wieder.

Viele weitere Projekte folgten. IJM hatte für einen vollen Kalender gesorgt. Was uns auffiel, war, dass die meisten Einrichtungen von Frauen geleitet wurden. So verständlich das mit Blick auf die traumatisierten Betroffenen war, so untypisch war es für Indien. Denn sobald wir den Dunstkreis der – oft von Christen geführten – Hilfsorganisationen verließen, wurde es extrem männerlastig. Auf den Straßen von Mumbai waren kaum andere Frauen zu sehen, weder unter den Passanten noch in Geschäften, Imbissbuden und Taxis.

Noch merkwürdiger war es, dass wir als Frauen oft ignoriert wurden. Das wurde mir vor allem im Nachhinein klar, als wir bei späteren Besuchen in Indien Simon mit im Gepäck hatten und er den Männern ein „vollwertiges" Gegenüber bot. Die Alternative war nicht weniger irritierend: Vorüberlaufende Männer richteten ihre Blicke so eindeutig und durchdringend auf unseren Körper, dass wir uns wie ausgezogen fühlten. Natürlich kleideten wir uns den Landessitten entsprechend und alles andere als freizügig, aber es half nichts. Als Frau war man Objekt, fertig.

Auch darum waren die Begegnungen in den Nachsorgeeinrichtungen eine echte Erholungskur. Hier herrschte ein anderer Vibe. Frauen wurden als Menschen behandelt, die den Einsatz wert waren, und waren nicht länger weniger wert als Tiere, die sich ja wenigstens als Mahlzeit nützlich erwiesen. Nicht wenig dankbar schrieb ich damals in mein Notizbuch:

Oh Mann, was für ein Trip … was würden wir ohne IJM und deren Kontakte hier bloß anfangen!? Ich kann schon verstehen, dass uns alle vor Indien warnen. Für uns wirklich Chaos pur, Luxus gemischt mit Armut, ein undurchschaubares Volk und die Businessmänner sind mir als Mitteleuropäerin suspekt ohne Ende. In dieser Welt machen IJM und andere vertrauensvolle Menschen einen riesigen Unterschied. Bin unglaublich bewegt von deren Arbeit hier.

Wir mussten uns allerdings nicht nur um eine Partnerorganisation kümmern, sondern auch herausfinden, wo wir am besten unsere Stoffe herbekommen würden – vorausgesetzt, die ganze Sache käme wirklich ins Rollen. Dafür hatten wir uns die ganz wenigen Labels in Deutschland angesehen, die damals schon bio-fair produzierten, und ihre Zulieferer recherchiert. So waren wir auf einen großen Händler für Stoffe aus Bio-Baumwolle bei Kolkata (früher: Kalkutta) aufmerksam geworden, der unser erster Lieferant werden sollte. Nach einer guten Woche unterbrachen wir unsere Odyssee durch Mumbai und flogen für zwei Tage quer über den indischen Subkontinent in den Nordosten des riesigen Landes.

Geschäfte machen lief hier so, dass man erst einmal mit der ganzen Familie zu Mittag aß. Danach wurden wir herumgeführt. Es war beeindruckend, auch in diese Welt einzutauchen, die Dimensionen der professionellen Stoff- und Bekleidungsproduktion zu sehen und uns davon zu überzeugen, dass all das auch nach strengeren ökologischen Vorschriften möglich war.

Noch ein Jahr zuvor hätte ich mir nicht vorstellen können, einmal in Indien vor einem hektargroßen Zuschneidetisch zu stehen und Stoffe für unser noch immer imaginäres Modelabel zu begutachten. Überwältigt waren wir auch von den Mindestbestellmengen, die bei den meisten Händlern bei 1.000 Metern lagen – pro Stoff –, wobei dieser hier bereits zu den Ausnahmen gehörte, weil er schon Stoffbahnen zu 200 Metern anbot. Doch auch das war zu viel, wir hatten berechnet, dass wir von manchen Stoffen für die erste Kollektion zum Teil 80 oder sogar nur 20 Meter brauchten, in ihren Augen winzige Mengen. Also bot uns der Patron der Familie an, dass wir uns einfach aus ihrem Restelager bedienen konnten. „Deal!", sagten wir und so war beiden Seiten gedient. Auch die Qualität war toll und Teresa fand alles, was sie für die Teile, die uns bereits vorschwebten, brauchen würde. Ganz klar, das war unser Händler.

Frau sein in Indien – ein Desaster?

Die indische Kultur ist lebendig, turbulent und bunt. Weniger farbenfroh ist die Stellung der Frau in der indischen Gesellschaft als Ganzes. Sie werden in vielfältiger Weise diskriminiert. Gewalt gegen Frauen, wie Misshandlungen, Vergewaltigungen und Entführungen, sind keine Einzelfälle, sondern ein Massenphänomen.

Unverheiratete Frauen gelten als wertlos. Rund 90 Prozent aller indischen Ehen werden, wohl auch darum, von den Eltern arrangiert. Nach der Hochzeit sieht sich Schätzungen zufolge jede dritte Frau Misshandlungen von ihrem Mann oder seiner Familie ausgesetzt.[14] Das noch größere Problem entsteht durch den Brauch der – gesetzlich eigentlich verbotenen – Mitgift, einer Zahlung an die Familie des Bräutigams. Deren Höhe orientiert sich an Aussehen, Hautfarbe und Erziehung der Braut und kann eine enorme finanzielle Belastung bedeuten. Um die Mitgift zu stemmen, greifen arme Familien oft auf das sogenannte Sumangali-Prinzip zurück. Dabei schließen sie mit einem Unternehmen – vorwiegend aus der Textilbranche – einen mehrjährigen Arbeitsvertrag für ihre noch junge Tochter, die eine zuvor vereinbarte Summe nun in der Fabrik abarbeiten muss.

Um dem wirtschaftlichen Desaster „Tochter" von vornherein zu entgehen, wird nicht selten die Abtreibung weiblicher Föten oder sogar die Tötung von Mädchen nach der Geburt vorgenommen. Zwar ist es Ärzten aus diesem Grund offiziell seit 1994 verboten, Eltern das Geschlecht des Babys während der Schwangerschaft mitzuteilen, doch in der Praxis entstehen, vermutlich durch Bestechung, viele Schlupflöcher.

Der männliche Überschuss in der Bevölkerung und das schlechte Frauenbild sind wiederum einer der Faktoren dafür, dass körperliche Machtdemonstrationen und Übergriffe gegenüber Frauen an der indischen Tagesordnung sind. Mit mehr als einhundert angezeigten Vergewaltigungen pro Tag (die Dunkelziffer wird, unter anderem wegen der vielen Fälle von versteckter Zwangsprostitution, weit höher geschätzt) gilt Indien für Frauen als eines der gefährlichsten Länder der Welt.

Seit im Dezember 2012 die tödlich endende Gruppenvergewaltigung einer Studentin in Delhi international durch die Presse ging, protestieren indische Frauen vermehrt für ihre Rechte. Laut Gesetz sind Frauen und Männer bereits gleichgestellt.

KAPITEL 11

Entscheidung in letzter Minute

Von Kolkata ging es für die letzten Tage zurück nach Mumbai. Wir trafen uns mit der deutsch-indischen Handelskammer, um herauszufinden, was es bedeuten würde, selbst eine Organisation auf indischem Boden zu gründen – schließlich wussten wir nicht, mit welchem Ergebnis wir das Land verlassen würden und ob wir mit schon bestehenden Strukturen würden arbeiten können. So aufregend unser Casting-Trip bis hierher gewesen war, so unschlüssig waren wir uns noch in der Partnerfrage. Manche Einrichtungen hatten wir wiederholt besucht oder uns mit ihren Leitern getroffen. Übrig geblieben waren zwei Organisationen, mit denen eine Partnerschaft längerfristig denkbar gewesen wäre. Nur: Wirkliche Begeisterung war nicht aufgekommen. Sie hatten uns viele Fragen nicht beantworten können, waren sehr vage geblieben. Es fühlte sich etwas erzwungen an, uns fehlte das Herzblut.

Der letzte Tag der Reise brach an, am Abend flogen wir zurück nach Deutschland. Unsere Freunde von IJM holten uns ein letztes Mal vom Hotel ab. Wir fuhren nach Borivali, ein ganzes Stück weiter in den Norden Mumbais. Ringsum wurde alles immer „indischer", unübersichtlicher, ärmer. Dann bogen wir in eine verkehrsberuhigte Zone ein – so hätte ich das zumindest genannt, wenn es in dem mir bekannten Indien so etwas gegeben hätte. Es war ein Viertel, in dem die Uhren offenbar langsamer tickten als in der Megametropole ringsum. Mangobäume säumten die Straßen, die nicht mehr vor Fahrzeugen und Menschen überliefen. Alles war etwas geordneter, etwas ruhiger und grüner, fast schon idyllisch.

Wir hielten vor einem hellen zweistöckigen Gebäude mit einem gepflegten Garten. Als wir aus dem Auto stiegen, öffnete sich schon die Haustür. Zwei strahlende Gesichter, die sich als Keith und Ramona vorstellten, luden uns ein hereinzukommen. Ramona hatte einen Sari in fröhlichen Farben an, Keith trug ein weißes Hemd. Das Ehepaar war in den Vierzigern und ihre Ausstrahlung nahm mich sofort ein.

Sie sagten, sie wüssten noch nicht viel über uns, außer dass wir uns für befreite Frauen engagieren und ihre Arbeit kennenlernen wollten. Ich fühlte mich willkommen und ernst genommen – gleichzeitig merkte ich aber auch, dass wir für diese beiden zunächst einmal zwei völlig unbekannte junge, westliche Frauen waren, die sie etwas prüfen mussten.

Als wir in unseren Erzählungen an die Stelle kamen, dass wir ein Nähprojekt starten wollten und dafür indische Partner suchten, sah ich, wie sich Tränen in Ramonas Augen bildeten. Was hatten wir ausgelöst?

Dann begannen *sie* zu erzählen. Noch vor ein paar Jahren hatte das Paar hoch dotierte Jobs in der Wirtschaft gehabt, Ramona an der Börse gearbeitet, Keith in der Kreativbranche. Ihre Karriere führte steil nach oben. Dann erfuhr Ramona zum ersten Mal davon, dass in Mumbai in großem Stil Frauen entführt wurden und auf diesem Weg in Bordellen landeten, für immer verkauft. Es stellte ihre Welt auf den Kopf.

Fast zum gleichen Zeitpunkt erlebte Keith Einschneidendes bei einer Party, bei der er mit seinen Kollegen in halboffiziellem Rahmen irgendeinen Geschäftsabschluss feierte. Plötzlich betraten spärlich bekleidete Frauen den Raum, die scheinbar als „Belohnung" für den gelungenen Deal eingeladen worden waren. Was Keith daran am meisten erschrak, war, dass manche dieser Mädchen wohl nicht älter als 16 Jahre alt waren.

Von da an hätten sie nicht mehr ruhig schlafen können, erzählte Ramona. Sie hatten selbst Söhne und Nichten in dem Alter. Zusammen besuchten sie ein staatliches Nachsorgezentrum und hörten sich die schockierenden Geschichten der befreiten Mädchen an. Ihnen sei schlagartig klar geworden, was sie tun wollten: „Wir wollten uns dem Kampf gegen Menschenhandel anschließen – und sei es, um nur für ein paar wenige Frauen einen Unterschied zu machen."

Ramona entschied sich, ihren Job aufzugeben, und begann zunächst in einer großen NGO (Nichtregierungsorganisation) zu arbeiten. Schnell war sie deprimiert davon, wie wenig sie dort bewirken konnte und sich für die Frauen tatsächlich veränderte. Sie fand, man könnte viel mehr und viel Besseres tun, wenn man nur etwas mehr Herz in die Sache steckte.

Die beiden machten Pläne, verkauften große Teile ihres Privatbesitzes, trieben zusätzliche Fördermittel ein und gründeten ihren eigenen Verein, die heutige Chaiim Foundation (deutsch: Stiftung Leben). Sie wollten Frauen in ihrer Entwicklung unterstützen, die vor allem im schulischen Bereich in kaum einem Fall hatte Fahrt aufnehmen können: Zurück ins Leben! Darum unterstützten sie Schutzhäuser durch Beratung, Bildungsangebote und den Einsatz von Lehrerinnen und Sozialarbeiterinnen. Als wir sie besuchten, halfen sie bereits etwa 100 Mädchen und Frauen auf diese Weise und hatten sich damit in der NGO-Welt relativ gut etabliert. Doch sie wollten mehr aufbauen! Ein Projekt, das sie selbst intensiv betreuen und mit dem sie langfristige Resozialisierung gewährleisten könnten, statt nur Manpower – oder Womanpower – an verschiedene Schutzhäuser zu schicken.

Ihre Lebensgeschichten und ihre Hingabe bewegten mich. Ich hatte größten Respekt davor, dass sich die beiden von ihren sicheren Jobs verabschiedet hatten und in diesem riesigen Moloch etwas verändern wollten – für Einzelne unter Millionen. Das war alles andere als selbstverständlich. Jeder, der angesichts des grassierenden Elends und Unrechts in Mumbai lieber die Augen schließen und einfach nur dankbar sein will, dass ihn nicht das Schicksal derer getroffen hat, die ums Überleben kämpfen, hätte mein Verständnis gehabt. Aber Keiths und Ramonas Einsatz war so ansteckend, dass ich nicht anders konnte, als sie unterstützen zu wollen.

Dann kam es noch stärker: Ramona hatte schon einmal in einem kleinen Nähprojekt mitgearbeitet, das aber falsch aufgestellt gewesen sei. Sie beklagte, dass die Idee zwar genau richtig gewesen sei, sie aber nicht die nötigen Ressourcen zur Verfügung gehabt habe und sich zudem um viel zu viel habe kümmern müssen. Mit nur einem halb funktionsfähigen Computer und drei männlichen Chefs, die auf sie herabschauten, habe sie sich unmöglich auf die Frauen konzentrieren können. Das Projekt scheiterte und hinterließ eine Lücke bei ihr. Jetzt verstand ich auch ihre Rührung. Da saßen zwei junge Frauen vor ihr, wie vom Himmel gefallen, direkt in diese Lücke und damalige Enttäuschung hinein, und sagten: „Wir wollen genau so etwas aufbauen. Wir wollen, dass ihr euch ganz auf die Frauen konzentrieren könnt und die Produktion betreut. Wir organisieren den ganzen Rest, entwickeln die Mode, kaufen Stoffe ein und bringen die Klamotten in Deutschland unter die Leute."

Ramona war wie ein Streichholz, dem wir uns als Reibungsfläche angeboten hatten. Sie hatte viel Know-how, wusste, wo sie Nähmaschinen und weiteres Werkstattinventar herbekommen würde. Sofort hatte sie eine Handvoll Leute im Kopf, die sie wieder einsetzen konnte. Auch Keith war Feuer und Flamme, holte ein Flipchart aus dem Nebenraum und fing an, das Projekt zu skizzieren, während er lossprudelte und überlegte, wie alles organisiert sein müsste. Beide steckten voller Energie und unsere gemeinsame Leidenschaft für die Sache begann schnell, die Luft im Raum zu füllen.

Wir sprachen viel darüber, was echtes *Empowerment* (in etwa: Entwicklung und Unterstützung persönlicher Stärken) ausmachte. Sie erklärten uns die Arbeitsweise der Chaiim Foundation und dass die Frauen mehr brauchten als nur einen Job oder eine Ausbildung als Näherin. Sie wollten ein ganzheitliches Wohn-, Lern- und Resozialisierungsprogramm aufbauen und die therapeutische Unterstützung in den Vordergrund stellen. Das klang wunderbar. Sie ließen keinen Zweifel daran, dass sie wussten, was die Frauen brauchten und wie sie so ein Projekt mit angeschlossener Nähwerkstatt ausstatten müssten.

Für Teresa und mich war nach diesem Treffen schnell klar: Wenn unsere Idee Wirklichkeit werden sollte, dann mit der Chaiim Foundation. Die anderen Organisationen, die noch zur Debatte gestanden hatten, waren komplett abgehängt.

Keith und Ramona dachten genauso und boten bereits den nächsten Schritt an: Sie wollten uns gern in Deutschland besuchen, um unsere Hintergründe, unsere Unterstützerbasis und auch Simon kennenzulernen – das taten sie immer, wenn sie mit neuen Partnern arbeiteten. Wow! Das war nicht nur eine halbe Zusage, sondern ein weiteres Zeichen für ihre Ganz-oder-gar-nicht-Attitüde.

Von Anfang an hatte ich das Gefühl, dass alles, was sie anpackten, Hand und Fuß hatte. Hand und Fuß – und Herz. Ein Herz, das wirklich für die Frauen schlug und immer an deren Bestem orientiert war. Bis heute ist es für mich darum, unter allen kleinen und großen Wundern auf der langen Reise mit unserem Unternehmen, das größte Geschenk, dass wir damals – in letzter Minute – diese beiden Menschen kennenlernen durften.

Voller Erleichterung düsten wir im Tuk-Tuk Richtung Flughafen. Noch das Freudestrahlen auf dem Gesicht, regten wir uns trotzdem tierisch auf: Warum hatten wir Keith und Ramona erst jetzt getroffen? Am liebsten wären wir noch eine Woche geblieben, um das Projekt weiter zu besprechen und Fakten zu schaffen.

Wir hatten noch so viele Fragen: Wer wäre auf dem Papier für was verantwortlich? Wer sorgte für die Qualitätssicherung? Brauchten wir ein Krisenmanagement? Was würden die „beneficiaries", unsere Näherinnen, leisten können? Und waren sie weiter durch ihre früheren „Besitzer" gefährdet? Für was alles benötigten wir eigentlich Versicherungen? Wie würde die Kommunikation laufen? Wie funktionierten die Zahlungswege? Wie würden die Klamotten nach Deutschland kommen? Was gab es auf deutscher, was auf indischer Seite noch zu beachten…

Doch diese Fragen konnten warten, unser Flug nicht.

See you in Germany!

KAPITEL 12

Stofftaschen voll Rückenwind und los!

Ein paar Monate später kamen Keith und Ramona nach Deutschland, um uns in München und Stuttgart zu besuchen. Simon und ich waren gerade inmitten der Vorbereitungen für unsere Hochzeit, die wir nur zwei Wochen darauf feierten. Es galt also, zwei langfristige Partnerschaften auf einmal ins Ziel zu bringen.

Wir luden unsere indischen Freunde ein, ihre Arbeit in unseren Freundeskreisen und Kirchengemeinden vorzustellen, was wiederum viele, die uns unterstützen wollten, auf unsere Pläne einschwor. Keith und Ramona lernten natürlich Simon kennen und auch zwischen ihnen funkte es. Besonders die beiden Männer mit ihrer humorvoll überschwänglichen Art verstanden sich auf Anhieb.

Auch mit meinen Eltern machte ich sie bekannt. Die hatten sich in den letzten Monaten etwas entspannt, da ich jetzt Volljuristin war. Ich konnte nicht mehr tief fallen, zumindest nicht tiefer als in ihre Kanzlei. Außerdem hatte ich eine feste Arbeitsstelle. Sollte ich eben in meiner Freizeit meine Luftschlösser bauen, was konnte das groß schaden.

Bisher waren ihnen meine Ideen als Flausen erschienen: überhaupt erst ein Modelabel, dann noch in Indien und mit ehemaligen Zwangsprostituierten. Unvorstellbar! Doch jetzt stand mein Traum plötzlich zweifach menschgeworden in ihrer Haustür. Keith breit grinsend, Ramona mit ihrer herzlichen Ausstrahlung. Das stellte selbst ihre Skepsis auf eine harte Probe und sie konnten nicht anders, als ein bisschen beeindruckt zu sein. Wir waren tatsächlich imstande, dieses verrückte

Puzzle zusammenzusetzen, und unser ganzer Freundeskreis stand auch schon hinter uns. So langsam erkannten meine Eltern, dass sie die einzigen Schwarzseher waren. Sie erklärten sich sogar bereit, unsere Gäste bei sich aufzunehmen. Das machte mich umgekehrt ein bisschen stolz auf *sie*. Der Zug war nicht mehr aufzuhalten, würden sie also einfach mit aufspringen? Na ja, wir wollen nicht gleich zu euphorisch werden…

Am Ende des Besuchs stand die Entscheidung fest: Wir sind ein Team. Ramona und Keith würden in Indien eine Werkstatt und ein therapeutisches Programm aufbauen – und wir das Label und den Vertrieb in Deutschland. Wir wollten jedes Jahr zwei Kollektionen in Mumbai in Auftrag geben und die Klamotten in Deutschland unter die Leute bringen. Stückzahlen stimmten wir gemeinsam ab, je nachdem was die Frauen leisten konnten. Zur Unterstützung der Produktion in der Werkstatt wollten wir Volontärinnen aus dem Modebereich entsenden.

„Bio, fair und humanitär" war unser Motto. Und es musste natürlich auf allen Seiten finanziell aufgehen. „Wir stellen Sachen her, die für die Käufer hier bezahlbar sind. Und die Erlöse müssen bei euch Miete, Betriebskosten und faire Löhne für die Frauen und alle Mitarbeiter abdecken", besprachen wir. Zusätzlich wollten wir Aufklärungsarbeit leisten und Spenden für die Chaiim Foundation sammeln.

Ja, so müsste es funktionieren. Es konnte losgehen. Keith und Ramona wollten das Projekt zunächst in kleinem Stil aufbauen. Sie hatten noch für ein paar Monate Unterstützung für ihre Arbeit von einem Verein aus den USA, das entlastete uns für diese Phase. In einem halben Jahr sollten wir erneut nach Indien kommen, uns alles anschauen und am besten die Entwürfe für die erste Kollektion mitbringen. Wenn alles gut ging, würden die ersten Teile von Glimpse im Oktober 2013 auf der Stange hängen.

Wir waren heiß und voller Gründungseifer. Wir wussten zwar noch nicht sicher, ob in Indien alles glattgehen würde, aber wir mussten trotzdem beginnen, ernsthaft zu investieren und Fakten zu schaffen. Also riefen wir eine gemeinnützige GmbH ins Leben, schlossen einen Vertrag und verteilten die Aufgaben: Ich war für die Organisation verantwortlich und behielt den Überblick über Finanzen und die Unternehmensentwicklung, setzte Verträge auf, machte Termine bei Notar und Bank, bemühte mich um Gründerförderungen. Über einen Wettbewerb gewannen wir sogar eine Business-Beratung. Simon kümmerte sich um die Kommunikation, gestaltete den öffentlichen Auftritt, die Website und den Online-Shop. Wir hatten glücklicherweise ein großes Netzwerk an kreativen Köpfen, die Lust hatten, den Zug mit ins Rollen zu bringen und uns in allen Aufgaben zu unterstützen, auch wenn wir keine normalen Honorare zahlen konnten.

Teresa hatte natürlich Modedesign und Produktionsbetreuung in der Hand und begann sofort, die erste Kollektion zu entwickeln. Es war keine große, aber immerhin schon sieben ausgeklügelte Teile in insgesamt 17 verschiedenen Varianten.

Jeder war durch seine Ausbildung in seinem Bereich der Profi, arbeitete Vorschläge aus, dann sprachen und diskutierten wir darüber. Mir wurde nun zum ersten Mal richtig bewusst, dass ich nicht für die Mode verantwortlich sein würde, auch wenn wir am Ende alles gemeinsam entschieden. Nach den Jahren, die ich jetzt schon nähte, war das ein schmerzlicher Moment und doch genau das, was ich angestrebt hatte. Ich lernte wieder eine Lektion: Erwachsen werden heißt, Abschied zu nehmen. Und wir waren definitiv über den Status des Nähkämmerleins hinaus.

Was uns jetzt noch fehlte, war vor allem eine Volontärin für die Produktionsbetreuung, jemand, der sich für die Sache begeisterte und bereit war, nach Indien zu reisen und dort für einige Zeit unser Sprachrohr zu sein. Wir machten Aushänge an Modeschulen und in Cafés und binnen kurzer Zeit erhielten wir eine Reihe von Bewerbungen. Ebenso schnell kamen die Absagen: als die meisten hörten, was wir erwarteten und dass sie in drei bis fünf Monaten mit zum Teil schwer traumatisierten Frauen eine Kollektion auf die Beine stellen sollten. Ja,

Glimpse war eben sehr eigen. Und wir anspruchsvoller, als uns bisher bewusst gewesen war.

Noch überraschender waren aber die viel zu hoch qualifizierten Bewerberinnen, die merkten, dass sie ins völlig falsche Netz gegangen waren. Ich muss noch immer lachen, wenn ich an das Telefonat mit einer Frau denke, die bereits eine erfolgreiche Karriere bei großen Unternehmen hinter sich hatte. Wir sprachen über den zu erwartenden Arbeitsalltag in Indien und sie fragte: „Bekomme ich in Mumbai dann auch einen Fahrer gestellt?" Ich zögerte. Hatte ich sie richtig verstanden? „Ja, äh, natürlich können wir dir ein Fahrrad besorgen", antwortete ich und fügte in Gedanken hinzu: Wenn das alles ist. Es gebe aber auch Busse und natürlich die Tuk-Tuks, mit denen man überall hinkam, lobte ich die indische Infrastruktur. Die Bewerberin erkundigte sich noch nach ein paar anderen Dingen, aber kurz darauf lenkte sie zur gleichen Frage zurück: „Also ein Fahrer wäre wirklich vor Ort...?" Moment, ich war ziemlich sicher, dass sie gerade nicht „Fahrrad", sondern tatsächlich „Fahrer" gesagt hatte.

Richtig, in ihren bisherigen Jobs im Ausland war ein Chauffeur wohl Standard gewesen. Gleiche Branche, aber ganz weit weg von unserer Realität. Auch ihre Gehaltsvorstellungen kamen aus einer anderen Welt, und ich musste zugeben, dass unser Startkapital für keines von beidem ausreichte.

Verrückt, wer alles bei uns anklopfte! Nachdem wir aber schließlich doch noch einen Stapel vielversprechender Bewerbungen gesammelt hatten, führten wir einen ganzen Tag lang Bewerbungsgespräche in einem Stuttgarter Café. Wir fanden, das wirkte etwas hipper und professioneller als unser eigenes Wohnzimmer. Ein eigenes Büro konnten wir uns ja in dieser Anfangsphase – und für die nächsten Jahre, aber das wussten wir noch nicht – nicht leisten.

Wieder einmal wurde unsere Geduld getestet: Erst die letzte Bewerberin konnte es sich nach allem, was sie hörte, vorstellen, in dem Projekt zu arbeiten. Und auch nur bei ihr waren wir uns sicher, dass sie es packen würde. Die Entdeckung von Heike war, wie auch die aller späteren Helfer, ein Segen, anders kann ich es nicht sagen. Sie war nicht nur Absolventin einer Modeschule, sondern im Herzen eine halbe Sozialarbeiterin. Sie verstand, dass es uns nicht nur um Mode ging, sondern um humanitäre Hilfe. Sie dachte mit und überraschte uns später durch ihr extremes Engagement.

Damit waren wir bereit. Wir hatten ein Social Business. Ein Modelabel mit einer humanitären Mission. Und mit einer neuen Botschaft: „Nicht ‚sex sells‘, sondern ‚love sells‘!“[15] Und wir konnten es kaum erwarten, diese Botschaft mit der ersten Kollektion unter die Leute zu bringen.

Nur würde das ja noch ein geschlagenes Jahr dauern. So lange wollten wir unsere wachsende Community auf keinen Fall warten lassen. Die Freunde aus unserem Umfeld in Stuttgart und München waren heiß darauf, an diesem Projekt mitzuwirken, uns zu unterstützen und natürlich bald die ersten Sachen von Glimpse zu tragen.

Spätestens seit dem Besuch aus Mumbai war uns klar: Wir werden mit unserer Mission nie allein dastehen. Unsere Freunde gaben uns unglaublichen Rückenwind und die breite Unterstützung wurde für mich zur wichtigsten Ressource. Immer wieder war ich bewegt davon, wie gesetzt es für alle war, dass wir das Projekt durchziehen würden, von Anfang an. Meine Freundinnen beurteilten es nicht als komisch oder abwegig, sondern waren voller Begeisterung, wenn ich sie in meine Vision einweihte. Auch jene, die ganz andere Wege gegangen waren als ich, fanden cool, was ich machte, und ermutigten mich. Freunde glaubten an meinen Traum und daran, dass wir es schaffen würden, auch in Momenten, in denen ich selbst vielleicht nicht dran glaubte. Besonders in der Gründungsphase, aber auch über die nächsten Jahre gab mir das die eigentliche Kraft.

Was die Leute am meisten anzog, sich auch selbst zu engagieren, kann ich gar nicht genau sagen. Es hat sicher auch damit zu tun, dass es um Lifestyle ging. So war ja auch unser Plan: Schöne Dinge ziehen und machen es gerade den jungen Leuten in unserer Generation einfacher, sich für etwas Soziales zu engagieren, denn Kunst, Musik und Klamotten sind ohnehin ihre Welt. Gleichzeitig, denke ich mit Blick auf unsere eigene Heimatstadt, wollten viele einfach dabei sein, wenn eines der ersten, wenn nicht das erste öko-faire Modelabel Stuttgarts direkt aus ihren Reihen geboren wurde. Wir alle sehnen uns ja doch nach größeren Zusammenhängen und Bewegungen, an denen wir teilhaben können. Und viele verstanden sofort, dass es uns nicht nur um die Gründung eines hippen Unternehmens ging, sondern den Start für ein neues Bewusstsein im Modegeschäft, ein neues Bewusstsein für globale Zusammenhänge und um den Beginn oder zumindest Ausdruck einer Bewegung.

Wir wollten die Welt ein Stück besser machen und viele hatten den gleichen Wunsch und wollten das auf einfache Weise mit ihrem Leben verbinden. Dass es bei uns zusätzlich noch um ein Tabuthema ging, half sicher auch. Brunnen wurden schon viele gebohrt, Kinderpatenschaften in Afrika gehörten zu jedem gebildeten Haushalt und Vegetarier, wenn noch nicht Veganer, war auch schon bald jeder Zweite. Aber dem Thema ‚sexuelle Ausbeutung‘ hatte sich noch niemand so sichtbar gewidmet.

Unser Slogan „Love sells" brachte das auf den Punkt und wurde zum Ausdruck der Idee, Aufklärungs- und Menschenrechtsarbeit durch Mode zu fördern. Und damit man diese Form der Nächstenliebe auch jetzt schon mittragen konnte, brachten wir eine Mini-Vorkollektion auf den Markt: ein T-Shirt und eine Stofftasche, auf der in großen Lettern unsere Überzeugung stand. Stofftaschen erfuhren gerade eine Renaissance und avancierten zum Hipster-Accessoire schlechthin.

Die Sachen ließen wir von Freeset herstellen, die wir dank IJM in Kolkata kennengelernt hatten. Ein paar Bekannte in Indien können nicht schaden, hatten wir damals gedacht, und waren jetzt froh, den Kontakt zu haben. Das Unternehmen tickte ähnlich wie wir und hatte sich zum Ziel gesetzt, das komplette Rotlichtviertel der Stadt umzukrempeln. Sie boten den Frauen dort statt täglicher Ausbeutung einen fair bezahlten Job als Näherin für T-Shirts und Taschen an, außerdem Englischunterricht und gesundheitliche Betreuung und eine Krippe für deren Kinder. Es war schön, auch auf einem fernen Kontinent und in einer trostlosen Welt Freunde für eine gemeinsame Mission zu entdecken.

KAPITEL 13

Jedes Leben zählt

Ein Jahr nach der ersten Indienreise flogen wir wieder nach Mumbai, diesmal zu dritt, um die Werkstatt zu begutachten, Verträge zu unterschreiben, die Inder in das Modebild der ersten Kollektion einzuweihen, Stoffe zu bestellen. Wir wussten, dass Keith und Ramona nicht untätig gewesen waren und sicher das ein oder andere vorbereitet hatten, gleichzeitig konnte es ja nicht so viel sein, es gab ja noch keine handfeste Kooperation.

Wie sehr wir uns irrten! Ein Tuk-Tuk-Fahrer brachte uns durch den chaotischen Verkehr wieder in den Norden Mumbais und bog schließlich in ein schönes, ruhiges Viertel ab, das wir allerdings noch nicht kannten. Keith und Ramona hatten ein kleines Wohnhaus gemietet. Sie begrüßten uns im Erdgeschoss in einem großen Aufenthalts- und Unterrichtsraum. Sofas standen da und auch ein langer Tisch, an dem alle zusammen essen konnten. Aus einer Küche nebenan brachte uns Hema, die Köchin und ein echtes Original voller Witz und Liebe, auch gleich einen Chai zur Begrüßung. Girlanden hingen an den Wänden und es war alles auf dezente und geschmackvolle Weise indisch verziert. Mitten im Raum stand ein großes Whiteboard, auf welches das Motto von Chaiim kalligrafiert war: „One life at a time" – „Ein Leben nach dem anderen", oder etwas freier übersetzt: „Jedes Leben zählt".

Im Obergeschoss hatten sie eine Werkstatt mit etwa zehn Arbeitsplätzen und Nähmaschinen aufgebaut. Dazu gab es einen größeren Zuschneidetisch und ein kleines Büro. Es war recht überschaubar, aber es war alles da, was man brauchte. Hier machten uns Keith und Ramona mit dem Rest des Teams bekannt: einer Sozialarbeiterin, einer Lehrerin, dem Nählehrer und Mastercutter, der sich um die Ausbildung der Frauen und die Schnitte und Stoffe kümmerte, und einem Hausmeister.

Uns gefiel, wie angenehm und geborgen sich alles anfühlte. Das ganze Haus strahlte aus: Ihr seid nicht hier als Arbeiterinnen, sondern wir sind eine Familie und eure Gesundheit und euer Wachstum stehen im Mittelpunkt. Eine spätere Teilnehmerin des Programms brachte ihre eigenen Gefühle so auf den Punkt:

Als ich das erste Mal das Haus der Chaiim Foundation betrat, wunderte ich mich, warum alle so freundlich zu mir waren. Am Anfang dachte ich, man log mir etwas vor. Aber es hörte nicht auf, ging einfach immer so weiter.

Andere fassten ihr neues Lebensgefühl an diesem Ort mit den einfachen Worten zusammen: „Chaiim is my home".

Ja, es war so, wie wir es uns gewünscht hatten – uns aber bislang nicht hatten vorstellen können. Mir wurde zum ersten Mal so richtig bewusst, wie das Spiegelbild meiner Vision in der Realität aussehen musste, mit vier Wänden, Dach und zehn Nähmaschinen. Und noch eines wurde mir bewusster als vorher: Die Arbeit stand hier wirklich nicht im Vordergrund. Das war gut so, so wollte ich das, aber… würde in diesem Haus wirklich eine Kollektion nach der anderen im Rhythmus des Modemarkts entstehen können? Ich bekam plötzlich einen enormen Respekt vor unserem Vorhaben, Sozialunternehmer zu sein. Niemand hatte mich auf diesen Erkenntnismoment vorbereitet. Vielleicht weil jeder die reale Seite seiner Träume selbst entdecken muss.

Wir lernten natürlich auch die ersten Näherinnen kennen. Sieben Frauen, vier, die aus Zwangsprostitution befreit worden waren, und drei aus anderen sehr schwierigen Verhältnissen waren für das Pilotprojekt eingeladen worden. Sie bekamen seit ein paar Tagen Nähunterricht und Life-Skills-Training. Vorsichtig lächelnd und winkend begrüßten sie uns.

Ich hatte seit Kambodscha keinen Kontakt mehr zu Überlebenden von Menschenhandel gehabt und war sehr berührt von diesem bunten Grüppchen von Mädchen, die unterschiedlicher nicht hätten sein können. Die meisten waren verständlicherweise sehr schüchtern, zwei von ihnen aber auch ganz kess und eine zeigte sogar eine ultrafreche Ader.

Da standen sie also vor mir. Euretwegen machen wir das alles, dachte ich, wegen jeder Einzelnen von euch. Zum ersten Mal hatte ich die Frauen als Individuen vor mir, denen wir tatsächlich helfen würden, nicht als kollektive Opfergruppe, deren Zahlen immer in die Tausende oder Millionen ging. Und auch anders als der unpersönliche Besuch vor vier Jahren in Siem Reap.

Wir luden die Frauen zu einem kleinen Workshop im Modezeichnen ein, einfach um eine Verbindung zwischen uns herzustellen und gemeinsam kreativ zu werden. Teresa machte eine Skizze von einer Frau mit Kleid, die sie nachzeichnen sollten. Zu kompliziert! Also begannen wir ganz einfach: ein Gesicht. Doch auch damit hatten sie größte Probleme. Sie hatten nicht wie wir schon im Kindergarten gelernt, Menschen wahrzunehmen und abzubilden. Wie hatte ich das übersehen können?, erschrak ich über mich selbst. Manche von ihnen hatten vermutlich überhaupt das erste Mal einen Stift in der Hand. Sie kennen das gar nicht, einfach aus Freude etwas zu malen.

Wenn schon so eine Aufgabe eine solche Überforderung bedeutete, wie würde das Nähen erst werden?! In diesem Moment wurde mir bewusst, was diese Frauen aufholen mussten – und was ich selbst aufholen musste! Ich war voller Unternehmenseifer, und der war auch nötig für unsere Gründung. Aber ich musste lernen, menschlicher zu denken, viel menschlicher!

Ohne es zu merken, war ich von meinen eigenen Voraussetzungen ausgegangen: Als ich mit Nähen anfing, hatte ich schon tausend andere Dinge in meinem Leben gelernt, bevor ich mich super engagiert einem weiteren Hobby widmete. Die Frauen vor mir mussten aber erst einmal die Fähigkeit zu lernen ausbilden. Ihr Schicksal kannte nichts von all dem, was ich als normal erachtete! Ich hatte selbst nur einen „glimpse" in ihre Realität erhascht und war die Sache in etwa so angegangen: Ihre Vergangenheit liegt hinter ihnen, sie brauchen eine Perspektive und einen sicheren Job, dann würden sie bald auf eigenen Beinen stehen, fertig. Ich schämte mich dafür, wie naiv und sorglos ich unterwegs war.

Über die Dauer mehrerer Besuche machte ich es mir zur Aufgabe, ein besseres Gespür für die Traumata und Entwicklungsdefizite dieser Frauen zu entwickeln. Wenn schon meine Ängste und Zweifel in der Studienzeit eine so krasse Übelkeit ausgelöst hatten, was war wohl im Körper eines Mädchens los, das Jahre am Rande des Abgrunds verbrachte, ohne Schutz, ohne Eltern, ohne Freunde, ohne Ärzte, in permanenter Angst um ihr tatsächliches Überleben? Natürlich wusste ich um die – für uns unsichtbaren – Narben, die jahrelanger Missbrauch hervorbrachte. Die Frauen wirkten außerdem einige Jahre jünger, als sie eigentlich waren. Für die Teilnahme am Chaiim-Programm mussten sie mindestens 18 sein, manche waren auch schon Anfang zwanzig – ich hätte sie hingegen auf 15 oder 16 geschätzt. Ihnen fehlten wirklich Jahre der Entwicklung und Reifung sowie eine gesunde Pubertät.

Wenn dir das bewusst wird, denkst du nicht mehr: Ah ja, euch kriegen wir wieder hin. Wie froh war ich darum, Keith und Ramona an unserer Seite zu wissen. Ich verstand, warum sie das Programm im Durchschnitt auf drei bis vier Jahre anlegten, bevor eine Frau bereit wäre, ganz in ein selbst gestaltetes Leben aufzubrechen. Es braucht diese Zeit, um an einer wirklich neuen Perspektive zu arbeiten. Und die Leute bei Chaiim waren überzeugt, dass jedes einzelne Leben diese Investition wert war. Hier hatte jene Gerechtigkeit Platz, nach der ich früher gesucht hatte: Gerechtigkeit, die Geschädigte wieder hoffen ließ. Gerechtigkeit durch Liebe für das individuelle Schicksal. Besonders Ramona brannte für jedes einzelne der Mädchen in ihrem Haus und hatte ihre Entwicklung auf dem Radar, das merkte ich. Als ich mich etwas von meiner Ernüchterung erholt hatte, wurde mir umso klarer, dass ich das Wagnis dieses Unternehmens ganz und gar eingehen wollte. Es würde hart werden, diese intensive Sozialarbeit von Deutschland aus zu unterstützen. Das Nähen würde nur eine therapeutische Maßnahme unter vielen sein, die Frauen nur langsam an das Handwerk herangeführt werden können – und wir durften nicht gleich eine Qualität erwarten, die wir ohne Probleme als Label verkaufen konnten. Kurz: Unser Social Business würde ein echtes Experiment werden. Doch ich wollte es versuchen, wir alle wollten es versuchen. Ein Schritt nach dem anderen! Jedes Leben zählt.

Als Keith und Ramona uns vor die Entscheidung stellten, ob wir uns die Partnerschaft mit diesem Setting vorstellen könnten, sagten wir Ja. Wir flogen nach Kolkata und suchten die Stoffe für die erste Kollektion aus. Ihre Herstellung würde zwei bis drei Monate dauern. Ab jetzt tickten unsere Uhren im Rhythmus der Modebranche.

„Ich musste lernen, viel menschlicher zu denken."

KAPITEL 14

Flagge hissen auf dem Modekontinent

„First Love" nannten wir unsere erste Kollektion. Und das war sie, das war sie wirklich. Exakt fünf Jahre, von der ersten Idee in Kambodscha gerechnet, hatte ich auf diesen Moment gewartet und ich war verliebt in diese Teile. Sie waren urban und trotzdem voll schöner Details, trugen schmucke Anklänge an Indien und besondere Schnitte. Teresa hatte das Beste herausgeholt – und sogar ein Teil aus meiner damaligen Testkollektion mit übernommen, einen Pullover im Look einer Kapitänsuniform, den wir jetzt „Kolumbuz" tauften. Denn genauso fühlten wir uns auch: als Entdecker eines neuen Kontinents.

Bis heute schmökere ich gern in unserem Lookbook[16] Nummer eins. Wie viel Zeit war da hineingeflossen und wie sehr hatten wir die Monate und Wochen zuvor gekämpft! Denn fast wäre alles noch vor der ersten Kollektion vorbei gewesen…

Im Frühjahr waren Volontärin Heike und Teresa gemeinsam nach Mumbai geflogen, hatten die Schnittmuster für die erste Kollektion mitgebracht und starteten gemeinsam für zwei Wochen die Herstellung. Heike blieb.

Die Frauen hatten mittlerweile schon drei Monate Nähunterricht gehabt, jetzt konnte es losgehen, so zumindest unsere Vorstellung. Doch schon nach kurzer Zeit bekam ich einen Anruf von Heike. Stuttgart, wir haben ein Problem: Die Frauen kamen nicht mehr aus den Schutzhäusern zur Chaiim Foundation.

Was war passiert? Hatte es mit uns zu tun? Jemand hatte wohl etwas von Fotos angedeutet. Lag es daran, dass wir in den Räumen von Chaiim fotografiert hatten und jemand Angst bekam, dass die Bilder in falsche Hände gelangten? Das war ja eine reale Gefahr. Wir mussten von Anfang an die Anonymität der Frauen wahren, da manche von ihnen noch als Zeuginnen in Gerichtsprozesse involviert waren und gegen Menschenhändlernetzwerke aussagten – und diese Netzwerke waren mächtig. Der Schutz der Frauen geht immer vor, auf Fotos machen wir darum Gesichter unkenntlich, veröffentlichen nie echte Namen.

Es war absolut undurchsichtig. Und daran mussten wir uns in Indien generell gewöhnen: Selbst kleinere Probleme, die schnell gelöst waren, konnten für manchen einen Gesichtsverlust bedeuten, also wurde manchmal nur das Nötigste und nur zu den Nötigsten darüber gesagt.

Was für ein Start! Konnte nicht einmal etwas einfach von vorn bis hinten glatt laufen? War alles vorbei, bevor es überhaupt richtig anfing? Doch Ramona und Keith signalisierten uns, sie hätten die Situation im Griff. Und darauf mussten wir uns verlassen, selbst wenn uns ein Dutzend Fragen auf der Zunge lagen. Wir konnten nichts anderes tun, als zu warten. Und tatsächlich, nach ein paar Wochen kamen wieder Frauen aus den Schutzhäusern. Wir verbuchten den Zwischenfall als Notfallübung, denn wir mussten darauf vertrauen, dass es in Mumbai weiterging, auch ohne dass wir in diesem Fall helfen konnten. Wir hatten ja in Deutschland für das Einkommen zu sorgen: Ein paar Tausend Euro mussten ab jetzt jeden Monat in Indien landen, um die Arbeit dort zu finanzieren. Dafür mussten wir Vertrieb und Marketing für die erste Kollektion auf die Beine stellen, weitere Förderungen beantragen, das Lookbook der ersten Kollektion gestalten, dafür wiederum ein Fotoshooting mit den Musterteilen machen. Die Liste war lang.

Fürs Shooting fuhren wir an den Bodensee. Lag nicht gerade um die Ecke, aber Kapitäne auf Entdeckerfahrt brauchten ein Meer – und das war das nächste Meer, das wir kriegen konnten. Wir wollten nicht einfach junge Leute in Klamotten zeigen, sondern den Aufbruch einer Bewegung in Szene setzen, eine Geschichte erzählen, von Aufklärung, Pioniergeist, Hoffnung und Gerechtigkeit. Vier lebensgroße Gegenstände halfen uns bei dem Shooting dabei: Über eBay hatten wir eine Laterne, eine Waage, eine Fahne und einen riesigen Anker gekauft, alles weiß angestrichen und packten die Sachen mit auf die Bilder.

Wer damals dabei war, erinnert sich noch heute gern an den Trip. Eine kleine Freundesschar begleitete uns, die Stimmung war einmalig. Teresa und wir hatten in Stuttgart und München je einen gut aussehenden Mann und eine hübsche Dame als Models aufgetrieben – keine Profis, sondern Freunde oder Freunde von Freunden. Alle zeigten unglaublich viel Talent und wir konnten gar nicht glauben, welches Glück wir mit all diesen Leuten und welchen Spaß wir zusammen hatten. Vor allem aber schien jeder unsere Mission zu verstehen und mit Überzeugung zu unterstützen, vom Fotografen über die Make-up-Helferinnen bis zum Model. Ständig schwenkte ein anderer unsere Gründerfahne im Wind unseres „Mare Suebicum" und johlte.

Es war eine ganz besondere Zeit. Glimpse wurde zu einer Bühne, auf die wir Freunde und Bekannte einladen konnten. Die Models sorgten für grandiose Bilder, unser Fotograf konnte sein Portfolio vergrößern, eine befreundete Lehrerin lebte ihre Leidenschaft für gutes Make-up aus. Lennart, der mit mir an diesen Zeilen schreibt, machte seine ersten Erfahrungen als Texter. Ein Studienkollege von Simon konnte für unsere Drucksachen seinem Typografie-Faible frönen. Jeder durfte das tun, was sie oder er am besten konnte, den Künstler in sich zeigen – oder neue Dinge ausprobieren und sich selbst entdecken.

Für die Releaseparty im Oktober hatten wir einen Club in Stuttgart gebucht. Alle Einladungen waren verschickt, die Presse hatte versprochen zu kommen und bereits über uns berichtet. Stuttgarter Radiosender luden uns ein. Schließlich war unser Projekt ein absolutes Novum: Für die Ökoszene waren wir zu stylish für die Designerszene zu sozial und für die breite Masse sowieso fairer, als die Konsumgewohnheiten es vertrugen. Diese Exotenrolle gab uns allerdings einen ordentlichen Schub in der Öffentlichkeitsarbeit – was auch die eine oder andere merkwürdige Blüte trieb: Es war unser allererstes Radiointerview, dazu noch in einer Livesendung, wir waren aufgeregt wie auf stürmischer See und es ging sofort zu Sache. Die Hörer durften anrufen und uns Fragen stellen. Eine Frau im mittleren Alter meldete sich: „Ja, schön und gut, was ihr da tut. Aber sagt mal, warum setzt ihr euch eigentlich nicht für Straßenhunde ein? Es gibt so viele arme Hunde auf der Welt. Wer macht etwas für die?"

Das war ein Scherz, oder?! Da denkst du, die Welt hat nur auf dein Projekt gewartet, und dann wird dir so etwas als erste Frage durchgestellt. Auch wenn diese Lady kaum repräsentativ war, half mir ihr Anruf wenigstens, eine Sache für mich festzumachen: Du kannst es niemals allen recht machen und vor allem kannst du nicht allen helfen! Abgesehen davon, dass ich es schon immer bescheuert fand, Leuten, die überhaupt etwas tun wollen und dadurch in der Öffentlichkeit stehen, erst einmal mit Kritik oder sogar Vorwürfen zu begegnen. Jeder, der etwas anpackt, ist ein leichtes Opfer für diejenigen, die jemanden brauchen, dem sie die Verantwortung für alles, was schiefläuft, zuschieben können, statt sich selbst daranzumachen, etwas zu verändern. Wie auch immer, beruhigte ich mich wieder, Hauptsache, die Leute hören von uns – und wenn sie uns eben erst einmal fragen, ob wir auch Klamotten für Hunde haben.

Als die Kollektion in Indien fertig war, kam Heike nach Hause, gleichzeitig wurden die Sachen in Mumbai per Luftfracht abgeschickt. Weil der Zeitplan so eng war, kam der Seeweg für uns leider nicht infrage, der zwar weniger kostete, aber sechs bis acht Wochen brauchte, statt nur zehn Tage.

In der Aufregung hatten wir nur übersehen, uns um die Importbestimmungen zu kümmern, beziehungsweise waren wir davon ausgegangen, das Frachtunternehmen erledige das und der Rest käme schon allein auf uns zu. Kam er dann auch: Unsere Sachen hingen beim Zoll fest.

Jetzt mussten wir also – wenige Tage vor der Releasefeier – auf die harte Tour lernen, wie man richtig importiert. Es war zwar keine Raketenwissenschaft eine Zollnummer zu beantragen, den richtigen Tonfall für die Auseinandersetzung mit den Zollbeamten zu wählen, die Werte der Sachen anzugeben, und zwar die richtigen (nicht wie der beauftragte Exporteur, der einfach irgendwelche fiktiven Zahlen eingetragen hatte), aber diese Formalitäten fraßen die Zeit so, dass wir dabei zusehen konnten.

Endlich hatten wir alles erledigt und die heiß ersehnten Sachen standen vor unserer Haustür in Stuttgart. Noch zwei Tage bis zur Releasefeier. Voller Ungeduld stürmten wir die gut verpackten Paletten. So ganz freuen konnten wir uns noch nicht, denn wir wussten, dass die Kollektion noch nicht ganz fertig war. Wir brauchten noch Anhängeetiketten und unser Kolumbuz hatte noch keine Knöpfe, weil das Annähen für die Frauen zu anstrengend gewesen war. Also bastelten und bedruckten wir Pappanhänger für 680 Teile und nähten Knöpfe an, zwei Tage und Nächte durch, während die letzten Vorbereitungen für den Release liefen – alles höchst professionell versteht sich, in unserem Wohnzimmer.

Ein Bienenstock war nichts dagegen. Selbst unsere Mütter kamen zur Unterstützung. Moment – meine Mutter?! Richtig. In den letzten Monaten hatte sich die Haltung meiner Eltern weiter schleichend verändert. Wir konnten wieder miteinander reden, kamen uns wieder näher, weit über einen bloßen Waffenstillstand hinaus. Sie begannen, meinen Einsatz sogar aktiv zu unterstützen, und spendeten seit ihrem Kontakt zu unseren Partnern sehr großzügig für das Projekt. Man kann es nicht anders sagen: Sie wurden vom Gegner zum Förderer. Und jetzt saß Mama neben mir und half, „first love" einzutüten. Natürlich brummte mein Schädel und ich hatte gerade keinerlei Zeit für Empfindsamkeiten, aber rückblickend rührt mich dieser Moment sehr.

Am Tag der Releaseparty waren wir fertig. Völlig high von dem Auf und Ab der letzten Wochen und Tage rafften wir alles zusammen und machten den Club schick für den großen Abend. Es wurde ein voller Erfolg. Alle, die uns in den letzten zwei Jahren irgendwie begleitet hatten, kamen. Nicht nur unsere Familien und Freunde, sondern auch unser Businessberater, unsere Steuerberaterin, ja selbst unsere Ansprechpartnerin von der Bank stand plötzlich vor uns. Der Funke war übergesprungen. Als die Modenschau begann und der DJ aufspielte, standen die Leute bis vor die Tür. Wir waren überwältigt.

Viele Bekannte waren gekommen, aber auch Journalisten, Leute, die über Medien oder Flyer aufmerksam geworden waren, und Passanten, die sich fragten, was hier drin gerade abging. Nachdem ich schon viele Hände geschüttelt, unsere Story erzählt und Freunde umarmt hatte, kam eine Frau auf mich zu, die ich noch nie gesehen hatte. Sie stellte sich als Mitarbeiterin einer großen Organisation vor, die sich seit Jahren gegen Menschenhandel einsetzte, es ihrem Bericht nach aber sehr schwer hatte, neue Interessenten zu erreichen. Es kämen immer nur die „üblichen Verdächtigen" zu ihren Vorträgen, weswegen sie uns gratulierte und sich mit uns freute, dass wir an nur einem Abend mehrere hundert Menschen, von denen nur ein Bruchteil gewusst haben dürfte, dass es heute noch *Sklaverei* gibt, auf dieses Tabuthema aufmerksam machten. Wir nahmen als Modelabel sperrige Worte in den Mund und brachten sie quasi auf den Laufsteg. Nach dieser Rückmeldung war ich noch einmal überzeugter, dass das gut war und der Plan funktionierte.

Nicht nur berichteten wir zu jedem Anlass von der Arbeit in Indien; wir hatten unsere Mission auch in sogenannte Imprints übersetzt: Jede der Frauen in der Rehabilitationswerkstatt hatte einen eigenen Stempel mit einem Siegel in Form einer exotischen Blüte, und bevor sie die Teile für den Transport verpackten, drückten sie der Kleidung auf einem eingenähten Etikett buchstäblich ihren Stempel auf. So war letztlich jedes Teil ein kleines Unikat und damit Ausdruck dafür, was uns mit Mumbai verband: Jedes Leben war es wert. Die Leute sollten die Geschichten der Frauen mittragen – und wer wollte, konnte kleine Erfahrungsberichte von ihnen, natürlich anonymisiert, auf unserer Website nachlesen. Dieses Element haben wir bis heute beibehalten.

In München wiederholten wir die Releasefeier in Teresas Atelier und auch hier war das Projekt voll angekommen. Ich sehe noch vor mir, wie die Leute große Augen machten, den Stoff durch ihre Hände gleiten ließen, unsere handgemachten Hängeetiketten drehten und wendeten, an den Sachen rochen (sie rochen anders als in den großen Ketten und Modegeschäften) und natürlich für die Anprobe hineinschlüpften.

Ich war stolz. Unsere Freunde sahen super in den Sachen aus – und ich dachte mir: Dann wird das auch was mit den Verkäufen in unserem Online-Shop.

KAPITEL 15

Love sells ...
oder doch nicht?

Das Gründungsjahr und die Folgemonate waren eine extrem spannende Zeit, die uns sehr beflügelte. Wir waren im Start-up-Fieber und voller Feuer. Aber jetzt war es Zeit, etwas auszunüchtern, denn es gab auch einen straffen Unternehmeralltag zu bewältigen.

Das Rad der Modeindustrie dreht sich schnell. Du denkst nicht in Jahren oder Monaten, sondern in Kollektionen, in unserem Fall zwei pro Jahr. Dabei behältst du aber nicht nur diese beiden im Blick, sondern jonglierst eigentlich immer mit vier Kollektionen gleichzeitig.

Sagen wir, es ist Frühling und Sommerkollektion A gerade im Verkauf. Du bearbeitest und versendest die Bestellungen, nimmst Retouren an (hoffentlich nicht zu viele), kalkulierst, ob Teile nachproduziert werden sollten. Währenddessen wird gerade an Winterkollektion A genäht. Du hoffst, dass möglichst wenige Probleme an den Schnitten auftauchen, denn du bist parallel auch mit Musterteilen der Sommerkollektion B im Gepäck bei Händlern zu Besuch, von denen du dir möglichst hohe Bestellzahlen für nächstes Jahr wünschst. Dafür wird – immer superknapp – ein Pre-Shooting organisiert, bei dem die Models schon die Prototypen dieser Kollektion tragen, schließlich kauft kein Händler die Katze im Sack. Parallel machst du im Kopf und auf dem Papier schon die Vorplanung für Winterkollektion B und überlegst, was die Leute in eineinhalb Jahren wohl am liebsten tragen werden.

An diese harten Rhythmen mussten wir uns schnell gewöhnen, denn die Modebranche tickt, wie sie tickt, egal ob du ein Social Business bist oder nicht. Übrigens war das ja nur der Ablauf im „Slow

Fashion"-Bereich. Wie man statt zwei ganze zwölf oder sogar 24 Kollektionen pro Jahr veröffentlicht, wie es große Ketten wie H&M oder Zara mittlerweile tun, ist mir komplett schleierhaft. (Ganz zu schweigen davon, wer das konsumieren soll.)

Bewusst hatten wir uns erst einmal dagegen entschieden, unsere Sachen Händlern anzubieten, sondern setzten vollständig auf Direktvertrieb, verkauften also nur über unseren Online-Shop und bei Live-Veranstaltungen. Wir wussten schließlich noch gar nicht, welche Stückzahlen wir in Mumbai produzieren konnten, und wenn Händler einmal bestellt hatten, mussten wir auch liefern können. Das war zu riskant, wir wollten lieber Stück für Stück in den Prozess hineinwachsen und warteten mit diesem Schritt bist zur vierten Kollektion.

Es reichte uns auch, dass wir dennoch zwei Saisons vorausdenken und vorfinanzieren mussten, da man etwa ein Jahr für Entwicklung und Herstellung einer Kollektion benötigt: von den ersten Skizzen über die Herstellung der Stoffe und die Nähwerkstatt bis zur Anlieferung im Lager.

Die erste Kollektion verkaufte sich ziemlich gut. Vor allem in unseren Freundeskreisen stürzten sich die Leute auf die Sachen. Doch wir merkten auch, dass sie vielen doch eine Spur zu designt waren, vor allem den Männern. Auf den Fotos gefielen die Shirts den meisten noch, aber am eigenen Körper waren sie ihnen zu gewagt, zu tief ausgeschnitten, zu auffällig, zu hip. Und so blieben ein paar Teile im Regal.

Auch mussten wir uns an die ersten Rückläufer gewöhnen. Das Problem: In Mumbai hatten sie einige Nähte nicht richtig verriegelt. Das gehörte eigentlich zum Standardhandwerk und im harten Business wäre das sicher ein Anlass gewesen, sofort die Fabrik zu wechseln. Aber wir beauftragten keine professionelle Näherei, sondern halfen, Frauen zu betreuen, die neben einem normalen Alltag gerade erst den Umgang mit den Maschinen lernten. Also: Geduld, das wird schon…

Wir skypten mit Ramona fast wöchentlich und ließen uns Feedback geben, wie alles in der Werkstatt lief. Gleichzeitig gaben wir unsere

Erfolge mit der ersten Kollektion an sie weiter, und sie konnte den Frauen sagen, dass ein paar Hundert Leute in Deutschland mit dem Werk ihrer Hände am Körper herumliefen. Das machte sie unfassbar stolz – wie wir später, bei unseren weiteren Besuchen in Indien selbst noch erleben durften.

Als ich eines Tages mit Ramona telefonierte, war die Stimmung nicht mehr ganz so gut. Anspannung lag auf Ramonas Gesicht und ich fragte sie, was sie auf dem Herzen hätte. „Nathalie", begann sie und hielt mir ein Kleid in die Kamera, „eure Schnitte sind zu kompliziert." Das war überraschend direkt für indische Gepflogenheiten, es musste also ernst sein. „Schau mal: ein Bändchen hier, eine Lasche da oben, Knöpfchen hier, Ziernaht dort, dazu die Gummizüge und dann noch zwei Lagen... Das sind zu viele Arbeitsschritte, die Mädchen schaffen das nicht. Bitte macht die Sachen einfacher!", flehte sie fast.

Mir rutschte das Herz in mein hübsches Glimpse-Kleid. Tatsächlich, unsere Schnitte waren sehr detailreich, besonders für die Frauenkollektionen hatten wir teilweise echte kleine Kunstwerke geschaffen. Doch für die Frauen in Indien war das schlechter mit der Arbeitstherapie vereinbar, als wir gedacht hätten. Für sie zählte nicht ein möglichst kunstvolles Ergebnis am Ende eines Tages. Sie brauchten Sicherheit, die Bestätigung, dass ihnen überhaupt etwas gelingen konnte. Und dafür brauchten sie schnelle Erfolgserlebnisse.

Wir hatten unsere Designs danach ausgewählt, was wir schön fanden, nicht nach den Fähigkeiten derer, denen die Arbeit helfen sollte. Dieses Eingeständnis tat weh. Wir meinten es zwar gut, aber nur weil wir die ganze Arbeit den Frauen widmeten, hieß das nicht, dass wir perfekt darin waren, sie auch immer im Fokus zu behalten. Heute denke ich, Mensch, wie selbstverständlich! Aber ein Social Business wie unseres bedeutet eine Gratwanderung: zwischen den Ansprüchen auf der Seite des Handels und der Situation der Hilfsbedürftigen. Und wir waren im Gratwandern noch nicht geübt. Vor allem durch die Distanz zu Indien ließen wir uns anfangs gern von unserem Künstler-Esprit zu Hause davontragen und vergaßen manchmal die andere Seite.

Doch es brachte auch nichts, in Selbstvorwürfen zu enden. Immer wieder mussten wir uns die Freiheit zusprechen, auch Fehler machen zu dürfen. Wir mussten eben erst lernen, was es hieß, für eine Sozialeinrichtung, zumal eine solche wie Chaiim, Mode zu gestalten.

Das war leider leichter erkannt als getan, denn um aus den Fehlern für unsere zweite Kollektion zu lernen, war es zu spät, die wurde ja schon produziert. Selbst Anpassungen an der dritten waren nicht mehr möglich, denn die Designs waren auch fertig und die Stoffe bereits bestellt. An dieser Stelle fluchte ich auf die umständliche und langwierige Prozesskette der Modebranche. Gleichzeitig beruhigten wir uns damit, dass wir es hier auch mit Geburtswehen zu tun hatten. Alle, auch in Indien, brauchten etwas Zeit, sich einzugrooven. Das wird schon werden…

Anfangs häuften sich die Sachen, die aus Indien kamen, noch in unserer Stuttgarter Wohnung. Wie schon erwähnt war das Geld knapp, Büro- und Lagerflächen ein Luxus, den wir uns nicht leisten konnten. Denn in den exorbitanten Mieten waren sich Mumbai und Stuttgart ausnahmsweise sehr ähnlich.

Weil wir nicht dauerhaft zwischen Kleiderbügeln, Kisten und Schachteln wohnen wollten, kümmerten wir uns um einen Fulfillment-Dienstleister, der sich um Lagerhaltung, Bestellungsabwicklung und Versand kümmern sollte. Das war gar nicht so einfach, da die meisten erst ab mindestens zehn Bestellungen pro Tag arbeiteten – was sich nach nicht viel anhört, aber wir waren ja noch ganz am Anfang. Wir konnten in Echtzeit beobachten, wie die Verkäufe immer dann nach oben schnellten, wenn es mal wieder einen Bericht über uns in einer Zeitung, einem Magazin oder Fernsehsender gab, zwei Tage später sackten die Zahlen dann wieder ab. Wir konnten also keinen stetigen Output garantieren. Trotzdem kam uns schließlich ein Anbieter entgegen. Unser Social-Bonus, wie wir ihn fortan nannten, hatte gezogen.

Ein kleines, mobiles Wohnzimmerlager mit einigen Kisten an Musterteilen, die wir zum Vorzeigen brauchten, blieb trotzdem übrig.

Jedes Mal, wenn wir mit Glimpse auf ein Event fuhren, also etwa alle zwei Wochen, räumten wir fast den kompletten Raum leer. Unser Bücherregal bestand aus Holzkisten, die wir zum Messestand umfunktionierten. Wir stapelten die Bücher darin also auf dem Boden, bauten das Regal ab, stopften die Kisten mit der Kollektion voll, beluden unseren Skoda Octavia und machten uns auf den Weg. So klapperten wir die Designmärkte und Ökomessen von Süddeutschland ab und schlugen mit unserem Stand überall auf, wo wir mit unserem Thema landen konnten.

Das sorgte nicht nur für einen anhaltenden Adrenalinrausch. Bei den Live-Verkäufen hatten wir die Gelegenheit, mit unseren Kunden zu reden, die Sachen an den Menschen zu sehen, unsere Geschichte zu erzählen, Aufklärungsarbeit zu betreiben. Das war erhellend für beide Seiten.

Uns half es vor allem, unsere Zielgruppe besser kennenzulernen. Wir gestalteten Glimpse-Klamotten ja für Leute in unserem Alter, modebewusste, designaffine Städter zwischen 18 und 35. Die waren der Kern. Aber durch unseren sozialen Hintergrund hatten wir auch Begegnungen mit vielen älteren Leuten. Besonders Frauen zwischen 45 und 65 kamen gern auf uns zu und wollten unser Projekt unterstützen. Großartig – aber was konnten wir ihnen zum Anprobieren geben? Für unsere Kleider und Tops hatten nicht gerade unsere Mamas Modell gestanden. Und so kam es, dass wir die Damen oft in Männer-Basics steckten – und sie mit einem zufriedenen Lächeln mit genau den Teilen unseren Stand verließen, die den Jungs, für die sie eigentlich gedacht waren, zu viel Haut zeigten.

Wunderbar, dachten wir uns, wir können uns auch anpassen, und luden eine Kollegin von mir, die kurz vorm Ruhestand und sehr fotogen war, zu einem spontanen Shooting mit unserem ärmellosen Männer-Shirt „Sweet Soda" ein. Die Bilder teilten wir über Facebook und so wurden wir die Restposten los. Und in der Folgezeit wurde ich immer wieder davon überrascht, dass mir Frauen auf der Straße, dem Spielplatz oder im Supermarkt begegneten, an denen ich ein Männerteil von Glimpse sah.

Durch diese Erfahrungen merkten wir, dass unsere Zielgruppe ungewöhnlich heterogen war. Wir waren zwar ein Modelabel, aber für uns schienen andere Gesetze zu gelten. Zumindest in dieser Hinsicht...

Die zweite Kollektion sollte fast doppelt so groß werden wie die erste, 1.200 luftige Teile in Bonbonfarben für einen bunten Sommer. Wir hatten uns für Schnitte, Shooting und Katalog wieder richtig ins Zeug gelegt, bewusst auf ein betont fröhliches Modebild gesetzt und wieder ein eigenes Thema entwickelt. Wir wollten zeigen, dass der Einsatz für faire Mode und Menschenrechte das Leben nicht schwerer und dunkler, sondern freundlicher macht – weil es am Ende allen besser geht. In unser Lookbook schrieben wir:

Am Ernst dieses Projekts lassen wir unsere Mitträger teilhaben. Aber auch vom Spaß an der Sache darfst du dich anstecken lassen. Denn mit Glimpse zieht sich keiner eine weiße Weste an und macht gleichzeitig auf Schwarzmaler. Wir tragen zusammen bunt und machen klar, dass man mit Fantasie und froher Mode etwas bewegen kann.

Leider trafen die Farben der Kollektion nicht ganz den Mainstream. Wieder waren wir einen Tick zu gewagt unterwegs. Und dann kamen Qualitätsprobleme hinzu, über die ich heute zwar lächeln kann, die damals aber nur schwer wegzustecken waren. Ein echter Knaller war unser Jumpsuit, ein Modell, auf das wir echt stolz waren, bei dem aber eine nachträgliche Änderung am Schnitt dazu geführt hatte, dass man es nicht mehr anziehen konnte. Es war wie ein schlechter Scherz: Man kam einfach nicht rein in das Teil. Also musste Teresa in mühsamster Arbeit 160 Jumpsuits wieder auftrennen und umarbeiten.

Das hieß es also, sehr klein, trotzdem transkontinental und mit einer Sozialwerkstatt zu arbeiten. Wenn das Design in Deutschland, aber die Werkstatt in Indien arbeitet, sind Anpassungen schwer zu kontrollieren.

Zusätzlich mussten wir bald den Stoffhändler wechseln, der uns trotz des sympathischen Starts nicht dauerhaft aus dem Restelager beliefern konnte. Einen guten Ersatz zu finden war alles andere als leicht, denn mit unseren kleinen Mengen wurden wir nicht ernst genug genommen. Immer wieder kam es zu falschen Lieferungen oder sie blieben ganz aus.

Auch mit der Qualität der Farben machten wir unsere Erfahrungen. Bei einer Hose wollten wir ganz besonders öko sein und hatten einen pflanzlich gefärbten Stoff herausgesucht. Doch die Farbe hielt der Kombination aus Waschmaschine und Sonne nicht stand, aus Blau wurde Hellgrau. Oh Junge! Die wievielte Lektion war das jetzt für uns? Ich hörte langsam auf zu zählen.

Als sich unser limonadenbunter Sommer nicht so prächtig verkaufte, wurden uns auch Fehler in unserem Businessplan klar. In unserer Vorstellung hatte es eigentlich ganz einfach funktioniert: Wir stemmen eine Kollektion, lassen die produzieren und dann fließt das Geld durch die Verkäufe umgehend zurück und füllt das Konto wieder auf. Alles schön nacheinander und garantiert ohne Verzögerungen. Als jetzt einige Teile im Regal blieben, fehlte uns nicht nur das Geld, um die laufenden Kosten zu decken, sondern auch, um die Herstellung der nächsten und der übernächsten Kollektion vorzufinanzieren. Wir hatten die Liquiditätsfalle im Modegeschäft unterschätzt. Die Einnahmen kommen nur tröpfchenweise und oft über ein halbes Jahr hingezogen zurück. Und schlecht laufende Kollektionen gehören eben auch dazu. Die einzige Lösung: Du brauchst ein sehr großes Knasterpolster. Nun hatten wir zwar Energie, Ideen, Kraft und Leidensbereitschaft, aber nicht viele Moneten. Das Gründungskapital war weg, wir mussten mit einem Privatdarlehen nachinvestieren, um das nächste Jahr abzusichern.

Okay, einmal ging das, vielleicht auch zweimal. Wir waren bereit, viel zu geben, aber wir konnten uns nicht viele Fehltritte leisten. Das war aber nur die eine Tücke. Die andere war, dass wir unseren Businessplan – unter Anleitung eines Experten – für ein gewöhnliches öko-faires Labels gemacht hatten, ausgerichtet auf eine normale Produktion mit fairen Löhnen. Für etwas anderes gab es auch keine Erfahrungswerte. Nur waren wir nicht einfach ein Label, das eine bestehende Produktion auf Bio-Baumwolle umstellte und seinen Zulieferern faire Löhne zahlte. Wir hatten ein völlig neues Konzept, eine neue Produktionsstätte und einen Partner, den wir gleichfalls bei der Neugründung begleiteten. Kurz: Wir waren ein Start-up im Fortgeschrittenenmodus. Zusätzlich stand der humanitäre Aspekt bei uns im Vordergrund. Die soziale Arbeit in Mumbai war extrem aufwendig, wir konnten gar nicht kalkulieren, wie viele Stunden am Tag überhaupt für das Nähen genutzt werden konnten. Ein T-Shirt hätten wir anfangs wahrscheinlich für 200 Euro verkaufen müssen, um wirklich kostendeckend zu arbeiten.

Unser Businessplan war also für die Tonne, und das binnen weniger Monate. Trotzdem hofften wir, dass sich nach zwei, drei Kollektionen alles eingespielt haben würde, bei uns und bei Chaiim. Wir waren eben kein normales Unternehmen, das ein paar Dinge richtig machen wollte, sondern Pioniere mit einer verrückten humanitären Mission. Dafür gab es keine fertigen Konzepte und keine Vorbilder. Und das kostete Lehrgeld!

Sophies
erschütternde Welt

Während wir uns an unser Dasein als Start-up gewöhnten und unser Fokus auf dem Aufbau funktionierender Unternehmensstrukturen lag, passierte etwas, das uns aus unseren Termin- und Kollektionsplänen aufschrecken ließ und auf die eigentliche Relevanz unserer Arbeit aufmerksam machte.

Es war Spätherbst, Simon und ich waren bei einer befreundeten Lehrerin in Pforzheim zu Besuch. Ronja hatte mich schon am Telefon darauf vorbereitet, dass sie unser Treffen nutzen wollte, um mich mit einer jungen Frau aus ihrer Oberstufe bekannt zu machen, die sich ihr anvertraut und gefragt hatte, ob sie als Lehrerin nicht Hilfe wüsste bei… Ja, viel hatte Ronja nicht von ihr erfahren, aber irgendetwas lief mit Männern, die Sophie nachstellten, bedrohten und vielleicht sogar mehr als das.

„Es wäre klasse, wenn du einmal mit ihr reden könntest", bat sie mich. „Vielleicht kannst du ihr helfen, als Juristin und Modemenschenrechtlerin und weil du vielleicht ähnliche Geschichten von den Frauen in Indien kennst."

Ich bezweifelte das zwar, sagte aber natürlich zu. Als wir zu Ronja kamen, war Sophie schon da. Die beiden anderen ließen uns ziemlich schnell allein. Vor mir saß ein ungefähr 19-jähriges, sehr zartes Mädchen mit kindlichen Gesichtszügen und einem vorsichtigen Lächeln. Zu lieb für diese Welt, war einer meiner ersten Gedanken über sie.

Wir machten uns kurz bekannt und kamen dann schnell zum Thema. Sophies ungefähre Geschichte war die: Eine Gruppe von drei bis vier erwachsenen Männern lauerte ihr regelmäßig auf und entführte sie. Die Männer hatten ihre Telefonnummer, wussten, wo sie wohnte, wo sie arbeitete. Sie warteten mit einem Kleinbus entweder bei ihr zu Hause oder vor dem kleinen Bücherladen, in dem sie als Aushilfe arbeitete, nötigten sie einzusteigen, fuhren mit ihr an einen unbekannten Ort. Dort wurde sie misshandelt, körperlich, sexuell. Dann brachten sie sie wieder zurück. – Und nach ein paar Tagen wiederholten sie das Ganze.

Während sie mir das alles mehr in Andeutungen als in ganzen Sätzen erzählte, zupfte Sophie nervös an den Ärmeln ihres Pullovers, strich sich die blonden Haarsträhnen aus dem Gesicht, schaute fast die ganze Zeit zu Boden. Ich wusste nicht, was ich sagen sollte. Bisher hatte ich solche Geschichten nur aus Kambodscha, Thailand und Indien gehört. Also bemühte ich mich um etwas mehr Aufklärung.

„Seit wann passiert das so?" „Schon lang", antwortete Sophie leise. „Ein paar Jahre. – Ich brauche wirklich Hilfe." Meine Gedanken überschlugen sich. Ich wollte mehr erfahren, die Informationen verifizieren. Aber Sophies Angst füllte bereits den ganzen Raum. Sie rang um jeden Satz. Also bohrte ich nicht zu sehr nach, überließ es ihr, wie viel sie erzählen wollte. Sie wolle das alles nicht, sagte sie, fürchte sich aber davor, was passieren würde, wenn sie sich dem entziehen würde oder die Männer herausfänden, dass sie mit anderen über ihre Erlebnisse redete.

„Warst du nicht bei der Polizei?" „Nein, das geht nicht. Einer von den Männern ist ein Polizist." Wieder begann Sophie heftig zu beben. Und auch mir blieb kurz die Luft weg. Ein Angstschauer lief mir über die Schultern. In welchem Film war ich hier gelandet?

Es kam aber noch heftiger. Ich fragte Sophie, ob ihre Eltern irgendeine Ahnung von dem hätten, was sie durchmachte. Schließlich wohnte sie noch bei ihnen. „Mein Vater kennt die Männer", antwortete sie. „Die sind zusammen in so einer Motorradgang."

Ich hatte genug gehört. Und ich verstand, warum es Sophie so schwerfiel, etwas preiszugeben. Gleichzeitig konnte ich das alles kaum glauben. Ich hatte schon öfter ehrenamtlich mit Jugendlichen gearbeitet und kannte manche spätpubertäre Marotte. Suchte dieses Mädchen nur Aufmerksamkeit und hatte sich eine verrückte Geschichte ausgedacht? Ich meinte, so etwas konnte doch nicht mit so einem Mädchen passieren. Sie... sah so gar nicht danach aus.

Später weihte ich Ronja und Simon in alles ein, was ich erfahren hatte. Was sollten wir tun, was sollten wir glauben? Keiner von uns hatte je Kontakt zu einem kriminellen Milieu gehabt. Und wenn wirklich ein Polizist mit drin hing, war es das Richtige, Sophie zu einer Aussage zu drängen?

Wir einigten uns darauf, dass, wenn auch vielleicht nicht jedes Detail stimmte, Sophie einem starken Leiden ausgesetzt war. Und dass nach allem, was sie uns erzählt hatte, wir sie in diesem Moment unmöglich allein lassen konnten. Wir quartierten sie vorübergehend im Gästezimmer bei Ronjas Schwester ein, die sich bereit erklärte, nicht zu viel nachzufragen. Sophie rief bei ihrem Arbeitgeber an und meldete sich krank. Dann besorgte sie sich eine neue Handynummer, damit sie nicht kontaktiert werden konnte. Wir kamen uns vor wie in einem Zeugenschutzprogramm.

In den Wochen darauf trafen wir uns regelmäßig mit ihr und teilten uns quasi im Schichtbetrieb auf, um für sie da zu sein und sie zu bewachen. Wir lenkten sie ab, unternahmen viel zusammen und versuchten, ihr Vertrauen zu gewinnen und sie vielleicht doch dazu zu bewegen, mit uns zur Polizei zu gehen. Nur so käme sie – kämen wir alle – aus der Sache wieder raus.

In sehr kleinen Dosen gab Sophie mehr von ihrem Geheimnis preis. Als knapp vierjähriges kleines Mädchen wurde sie von ihrem Vater zum ersten Mal missbraucht. Seit sie zehn war, „vermietete“ er sie regelmäßig an seine Rockerfreunde und wahrscheinlich bekam er dafür Geld oder einfach einen höheren Status in seinen Kreisen. Schon sehr früh hatte sie körperliche und auch psychische Foltermethoden über sich ergehen lassen müssen. Um zu verdeutlichen, was alles passieren würde, wenn sie jemandem von dem Missbrauch erzählte, töteten die Männer vor ihren Augen Sophies Haustiere. Einer der Rocker habe auch gedroht, erzählte sie, dass alles, wobei sie nicht mitspiele, auf ein anderes Mädchen zukommen würde.

Die Männer holten sie immer in einem dunkelblauen Lieferwagen ab und ließen dabei im Autoradio Lieder ihrer Lieblingssängerin laufen. Das beruhigte Sophie, denn sie liebte die Songs und ihre Vergewaltiger, die bestimmt nicht selbst auf diese Musik standen, setzten dieses Wissen gekonnt ein.

Ich dachte an die Lebensgeschichten der Frauen in Kambodscha und Indien, in Thailand und Vietnam, aber auch die vieler Mädchen aus Osteuropa, die nach Deutschland verschleppt werden. So ähnlich mussten jene fühlen, die einem Loverboy auf den Leim gingen, der zugleich ihr Liebhaber und Zuhälter wird, ihr engster Vertrauter und schlimmster Feind. Und so mussten jene fühlen, die Schritte in die Freiheit machen wollten. Wie sie alle hatte man auch Sophie in ein emotionales Gefängnis gesperrt: Egal wie grundfalsch und gewaltsam das war, was ihr Vater tat und zuließ, sie wollte ihm auf keinen Fall schaden. Auch nicht ihrer Mutter, die – wie wir noch später erfuhren – über alles Bescheid wusste.

Während wir ihr ein vorübergehendes Schutzhaus zu bieten versuchten, nahm ich Kontakt zu einer Anwältin auf, die auf Opferschutz spezialisiert war. Auch sie versuchte, Sophie davon zu überzeugen, Anzeige zu erstatten. Was stattdessen passierte: Nach einigen Tagen unseres Schutzprogramms verschwand sie plötzlich und blieb für mehrere Stunden unauffindbar und unerreichbar. Natürlich machten wir uns Sorgen ohne Ende. Spät am Abend kam endlich ein Anruf. Sophie fragte mit gebrochener Stimme: „Könnt ihr mich bitte abholen? Ich bin am Bahnhof."

Als wir sie am Hauptbahnhof in Pforzheim abholten, traf uns ihr Anblick wie ein Hammer. Das Mädchen war blutüberströmt, hatte eine große Wunde am Kopf und dunkelblaue Flecken im Gesicht. Wir brachten sie direkt ins Krankenhaus, setzten uns vor ihr Behandlungszimmer und beobachteten besorgt, wie eine Krankenschwester nach der anderen nach drinnen gerufen wurde. Nach einer Weile kam ein Arzt heraus und nahm uns zur Seite. Sie hatten bereits die Polizei informiert. Die Wunde am Kopf war nur eine von vielen. Sophies ganzer Körper musste voller blauer Flecken, Prellungen und früherer Zeichnungen von Gewalt sein. Wir hatten so etwas bereits geahnt, denn Sophie hatte immer lange Kleidung getragen, die möglichst viel von ihrer Haut bedeckte.

Das war's, dachte ich. Wir hatten die Grenzen des Erträglichen hinter uns gelassen. Noch im Krankenhaus wurden wir von der Polizei befragt, erzählten, was wir konnten, erklärten aber auch, dass Sophie keine Anzeige erstatten oder Namen preisgeben würde, weil sie sicher war, dass ein Beamter in die Sache verstrickt war.

Der Polizist vor mir bekam immer größere Augen. Am Ende gab er uns seine Visitenkarte und flehte uns an, mit Sophie aufs Präsidium zu kommen – besonders wenn auch noch Leute aus seinen eigenen Reihen involviert waren. Ich hatte große Hoffnungen, dass Sophie nach diesem Zwischenfall eher zu einer Anzeige bereit wäre, doch die Gewalt war nichts Neues für sie und hatte offenbar die falschen Schalter umgelegt.

Ständig änderte sie nun ihre Handynummer. Und genauso oft verschwand sie, nur um kurz darauf wieder aufzutauchen, manchmal mit neuen Anzeichen des Missbrauchs – wobei uns Gott sei Dank ein weiterer Besuch in der Notaufnahme erspart blieb –, manchmal aber auch mit einer Anmutung, als ob nichts gewesen wäre. Das Ganze war so verrückt, dass wir immer wieder zweifelten, was wirklich wahr war. Litt sie vielleicht am Borderline-Syndrom und lebte in ihrer ganz eigenen Geschichte? Konnte sich diese zarte Person selbst so schwere Körperverletzungen zufügen? Und wenn doch alles stimmte, was sie erzählte, wie konnten ihre Peiniger sie trotz neuer Nummer und anonymer Adresse finden? War man uns gefolgt? Wurden wir selbst die ganze Zeit beobachtet? Oder rief sie selbst die Männer wieder an? Wenn ja, warum? Und was wussten sie mittlerweile auch über uns?

Acht Wochen waren seit unserem Kennenlernen vergangen und unser Leben fühlte sich an, als drehte es sich vollständig um Sophies Sicherheit. Ihre Last und die Last der vielen unbeantworteten Fragen wogen schwer auf uns allen. Die Welt um mich herum wurde dunkler, ich sah mir misstrauisch die Leute an, denen ich auf der Straße oder in der Bahn begegnete, und fragte mich: Was tut ihr wohl, wenn ihr nicht hier neben mir sitzt? Traurigkeit und Hilflosigkeit befielen mich und es fiel mir in dieser Zeit schwer, an Gutes zu glauben. Unser Modeprojekt schien mir zwar aktueller denn je, aber auch irgendwie sehr fern von dem, was „in der Welt da draußen" wirklich abging, jener Welt, deren jungen Opfern wir irgendwie helfen wollten und die plötzlich direkt vor unserer Haustür begann.

Auch die reale Gefahr machte mir zu schaffen. Von der U-Bahn nach Hause lief ich nur noch mit dem Schlüssel in der einen und einem Pfefferspray in der anderen Hand.

Dann kam es zu jenem Moment der Wahrheit. Simon, Ronja und ich waren gemeinsam mit Sophie in Pforzheim einkaufen, hatten ausnahmsweise einen entspannten Nachmittag zusammen. Kurz vor Ladenschluss schaute ich mir mit Ronja noch ein paar Sachen an, Simon war in der Herrenabteilung, Sophie war gerade Richtung Ausgang gegangen, wollte draußen auf uns warten.

Plötzlich stand sie wieder vor uns, bleich im Gesicht, die Augen voller Angst. „Sie sind da. Sie sind draußen vor der Tür. Ich kann da nicht raus", flüsterte sie uns zwischen zusammengebissenen Zähnen zu, als hätte man ihr gerade die Luft abgedreht. Etwas ungläubig holten wir Simon dazu, der sagte, wir sollten tiefer in den Laden gehen, er schaue nach.

Er lief hinaus. Und dort stand, auf der anderen Straßenseite gegenüber dem Eingang, ein blauer Lieferwagen. In Simon kochte sofort die Wut auf Sophies Folterer hoch und nur mit Mühe nahm er sich zusammen, überlegte kurz, schnorrte sich von einem rauchenden Passanten eine Zigarette und überquerte, die Kippe im Mund, die Straße. An der Fahrerseite klopfte er an die Scheibe des Wagens. Sie öffnete sich. Und noch bevor Simon das Gesicht eines Mannes im mittleren Alter wahrnahm, hörte er eine bekannte Stimme aus dem Autoradio. Es war genau jene Sängerin, von der Sophie erzählt hatte. Simon fand sich innerlich wie paralysiert, schaffte es aber geradeso, seine Rolle weiterzuspielen, und fragte nach Feuer. Tatsächlich, der Mann zündete ihm durchs Fenster die Zigarette an, Simon bedankte sich scheinheilig und machte sich aus dem Staub.

Durch einen Nebeneingang kam er zurück in den Laden und auf gleichem Weg gelangten wir mit Sophie unerkannt wieder hinaus. Ronja brachte sich sofort mit ihr in Sicherheit, Simon und ich holten unser Auto und parkten mit einigem Abstand zu unserem Observationsobjekt an der Straße und informierten die Polizei.

Es wurde bereits dunkel und zusammen mit unserer Anspannung breitete sich die winterliche Kälte aus. Etwa eine halbe Stunde warteten wir, dann ging der Blinker des Lieferwagens an und er lenkte aus der Parklücke. Ohne einen genauen Plan zu haben, hängten wir uns dran, parallel telefonierten wir mit der Polizei und gaben durch, wo wir waren. Nach etwa zwei Kilometern wurde der Transporter von einer Streife gestoppt und kontrolliert. Wir beobachteten alles von weiter hinten. Doch nach drei Minuten fuhr der Wagen weiter. Was hatten wir auch erwartet? Dass auf dem Beifahrersitz ein Bekennerschreiben lag und sie den Mann auf offener Straße verhaften würden? Sophie hatte ja noch nicht einmal Anzeige erstattet. Aber wir hatten genug Actionfilme gesehen, um zu wissen, was – vermeintlich – zu tun war. Wir hefteten uns an unseren Verdächtigen und folgten ihm, bestimmt zwanzig, dreißig Kilometer weit, aus der Stadt hinaus aufs Land. Mittlerweile war es stockdunkel. Schemenhaft sahen wir Wälder, Felder, sonst nur leere Straßen, kaum Verkehr. Bald wussten wir nicht mehr, wo wir genau waren. Wir folgten einfach ekstatisch dem blauen Lieferwagen. Wenigstens wo die Täter wohnten, wollten wir wissen.

Auf einer langen Geraden – es war kein Auto mehr zwischen uns – begann der Verfolgte ohne ersichtlichen Grund zu beschleunigen. Simon trat auch aufs Gas. Hatte der andere etwas gemerkt? Kurz nach einem Ortsausgang fuhr er plötzlich rechts ran und machte das Licht aus. Auch wir bremsten ab, fuhren an die Seite. Licht aus.

Nichts bewegte sich, dann gingen die Scheinwerfer des Transporters wieder an und er fuhr weiter. Wir taten es ihm gleich – ein Spiel, das er noch zweimal wiederholte. Unsere Deckung war aufgeflogen!

Wir wechselten von verdeckter Ermittlung auf Verfolgungsjagd. Der Lieferwagen begann, die verrücktesten Ausweichmanöver zu fahren, er bog in kleine Seitenstraßen, fuhr später auf die Hauptstraße zurück, wir immer mit etwas Abstand hinterher. Wir preschten durch die geisterhaften Dörfer wie in einem übermotorisierten Western. Wenigstens schienen wir dem Kerl etwas Angst zu machen. Doch schließlich, nach etwa einer Stunde, gelang es ihm, uns durch ein paar geschickte Manöver in einem kleinen Ort abzuschütteln. Wir verloren den Blickkontakt und mussten aufgeben. Frustriert gaben wir unser Zuhause ins Navi ein und gondelten über die Käffer Richtung Stuttgart.

So fruchtlos unsere Verfolgungsjagd geblieben war, nahm sie uns doch die meisten Zweifel an Sophies Geschichte.

Die Lage spitzte sich weiter zu, als uns Ronja eines Tages anrief: Im Briefkasten ihrer Schwester war ein Drohbrief gelandet, der keine Zweifel daran ließ, dass wir aufgeflogen und die Verbrecher zu einigem bereit waren, wenn wir Sophie weiter Unterschlupf gewährten. Es war ausweglos. Wir hatten alles getan, um das Mädchen zu verstecken, aber weder sie noch wir waren noch sicher.

Endlich konnten wir Sophie davon überzeugen, in Begleitung der Anwältin zur Polizei zu gehen. Doch als sie nach einer Stunde aus dem Vernehmungszimmer kamen, schüttelte die Anwältin nur den Kopf. Sophie hatte eine Stunde lang kein einziges Wort über die Lippen gebracht. Gemeinsam beratschlagten wir und halfen ihr schließlich, in einem Frauenhaus unterzukommen. Nach ein paar Monaten zog Sophie in einen anderen Teil von Deutschland und baute sich dort eine neue Existenz auf.

Es war leider alles andere als ein Happy End. Wir wussten, da draußen waren die Gefährder und sie waren mit ihren Verbrechen durchgekommen. Sie hatten es geschafft, dass Sophie nur noch in die absolute Anonymität fliehen konnte. Sie war – hoffentlich – in Sicherheit, aber darum ja noch nicht emotional, psychisch und körperlich geheilt. Wenn wir später noch mit ihr Kontakt hatten, konnte sie noch immer

nicht frei erzählen, wich Fragen nach ihrem genauen Ergehen aus –
und natürlich würden wir nie alle Details ihres Leidenswegs kennen.
Trotzdem hoffte ich, als vor ein paar Jahren der Menschenhändlerkreis
rund um das Bordell „Paradise" im Großraum Stuttgart aufflog und die
Verhaftungen Schlagzeilen machten, dass ein paar ihrer Peiniger auch
dort mit drin hingen und nun hochgenommen worden waren.

Warum ist mir diese Geschichte so wichtig, obwohl sie mit meiner
Arbeit nicht direkt in Berührung stand? Nun, vor allem, weil ich aus
diesen Erlebnissen einige Erkenntnisse über mich selbst mitnahm, die
auch das Verständnis meiner Arbeit im weiteren Verlauf beeinfluss-
ten: zum Beispiel das Wissen darum, wie extrem behütet und privi-
legiert ich aufgewachsen bin. Jedes Jahr sind unzählige Kinder und
Jugendliche von Missbrauch betroffen, auch in Deutschland. Obgleich
die Zahlen im Vergleich zu früheren Jahrzehnten nach offiziellen Statistiken gesunken sind[17], sprechen aktuelle Ermittlungsfälle, deren
Spuren oft ins Darknet führen, eine andere Sprache.

Die Begegnung mit Sophie erinnerte uns auch als Glimpse daran,
dass wir mit einem Bein in einer Welt von Armut, Ausbeutung und
Menschenhandel standen und dass diese Dinge nicht nur in Kambodscha oder Indien passieren. In der letzten Zeit hatten wir uns sehr
mit den wirtschaftlichen Aspekten unseres Start-ups auseinanderge-
setzt und uns als *Social Entrepreneurs* (Sozialunternehmer) identifi-
ziert. Wir waren engagiert, cool, modisch unterwegs und mussten
die meiste Zeit unternehmerisch denken. Ich habe das bereits eine
Gratwanderung genannt, denn im Kern ging es ja um mehr als ums
Modemachen – auch wenn wir uns selbst und unseren Käufern maximal einen kleinen Einblick in die Schicksale dahinter geben konnten,
einen *glimpse* eben. Sophie ließ uns wieder mehr von unserem eigentlichen Herzschlag spüren, der unter dem Modetrubel manchmal leicht
überhört werden konnte.

Besonders für Simon waren die Erlebnisse ein Wendepunkt. Auch
wenn er Glimpse mit gegründet hatte und -führte, hatte er nicht den
gleichen Bezug zu den Themen wie Teresa und ich. Sein Herz hatte

bislang eher für mehr Gerechtigkeit in der Textilindustrie geschlagen, auch unser Fast-Fashion-Fasten war seine Idee gewesen. Allerdings hatte Simon von uns allen den besten Draht zu Sophie gehabt und ihre Geschichte gab ihm einen mächtigen Motivationsschub: Es gab einfach eine riesige Dunkelziffer an Menschen, die von sexueller Ausbeutung betroffen waren, und darum eine Menge zu tun für uns. Möglicherweise würde unsere Arbeit sogar in Deutschland eine größere Rolle spielen.

Mir selbst halfen die Erfahrungen, noch mehr von den komplexen Zwängen und Ängsten nachzuvollziehen, in denen Frauen wie Sophie feststeckten. Das war mit unserer Logik nicht nachvollziehbar. Wir hatten so viel für sie getan, doch trotz aller Hilfe, auch durch Ärzte, Anwälte und Polizei, konnten wir sie kaum aus ihren Fesseln lösen. So etwas braucht Jahre – und darum begleitete auch die Chaiim Foundation in Mumbai die Programmteilnehmerinnen so lange.

Dabei war mir noch eines klar geworden: Mein Platz war ganz offensichtlich nicht an der Front. Während des Referendariats hatte ich zwar noch eine Ausbildung zur Seelsorgerin gemacht (die alte Leidenschaft für Psychologie), doch ich war keine Sozialarbeiterin. So nah wie bei Sophie wollte und konnte ich nicht an die Leiden der Frauen heran. Die Welt wurde zu schnell dunkel um mich und die ständige Angst, dass sie wieder missbraucht werden oder sich selbst etwas Schlimmes antun könnte, hatte mich fertiggemacht. Ich bin dankbar, dass andere diese Aufgabe besser ausfüllen. Ich bin Ermöglicherin im Hintergrund, damit andere die wichtige Arbeit vorn tun können. Nicht mehr als das. Und nicht weniger.

Nachtrag: Es ist Herbst 2020, wir sind gerade an den letzten Korrekturen am Manuskript dieses Buches, als das Unfassbare passiert. Mitten in der Nacht blinkt eine Nachricht auf meinem Handy auf. Sie kommt von Sophie. Wir haben seit Jahren nichts mehr von ihr gehört. Doch jetzt: eine einstündige Sprachnachricht, in der sie mir sehr offen berichtet, wie die Geschichte weiterging, und mich ermutigt, die Details in dieses Kapitel mit aufzunehmen.

Mehrfach hat sie versucht, neu anzufangen, in einer anderen Stadt Fuß zu fassen, loszukommen. Doch Einfluss und Reichweite der Gang ihres Vaters, dazu ihre Angst vor und Abhängigkeit von den Männern, waren einfach zu groß. Ihre Täter suchten den Kontakt immer wieder – und sie fanden ihn. Das noch größere Hindernis sei jedoch ihre tiefe Scham gewesen: „Ich war fest davon überzeugt, ich sei ein unwürdiger Mensch, schlecht und schmutzig. Vor allem hatte ich den Glaubenssatz, ich wäre lediglich auf der Welt, um Männer zu befriedigen, so sehr verinnerlicht, dass es mir manchmal schwerfiel, eine andere Zukunft für mich zu sehen als die einer Zwangsprostituierten."

Trotzdem, berichtet sie, habe sie Hilfe gesucht, Beratungen in Anspruch genommen, eine Odyssee von einer Institution zur nächsten durchgemacht, in denen man ihr leider immer wieder mit Ungläubigkeit oder Überforderung begegnet sei. Also führte Sophie die Illusion eines normalen Lebens fort, ging schließlich eine langfristige Beziehung ein und nach einiger Zeit heirateten sie und ihr Freund sogar. Es sei ihre letzte „Waffe" gewesen, erzählt sie. Sie wollte eine Grenze ziehen und hoffte, vor einem Ehemann würde die dunkle Seite zurückschrecken. Doch es funktionierte nicht, ihr wurde weiter nachgestellt. Zudem verzweifelte ihr Partner daran, dass er nichts tun konnte – oder durfte. Schlimmer noch, er wurde selbst gewalttätig.

Nachdem dieser ihr letzter Schutzraum zerstört war, gab Sophie ihr Doppelleben endgültig auf. Sie war finanziell am Boden, körperlich am Ende, seit unserem Kennenlernen war sie ein halbes Jahrzehnt weiter gequält worden. Doch sie erinnerte sich daran, wie wir damals an sie geglaubt hätten, und daran, dass sie da rauskommen könnte. Das habe ihr Kraft gegeben und dazu geführt, dass sie 2019 schließlich abermals in ein Schutzhaus flüchtete und sich endlich zu einem Besuch bei der Polizei durchrang, wo sie erstmals eine Aussage machte. Die Zahl der Vergewaltigungen und der Täter kann sie nur schätzen. Doch endlich wurden sie zur Verantwortung gezogen, das heißt wenigstens vier von ihnen. Dem involvierten Polizisten sowie den höheren Tieren des europaweit organisierten Rockernetzwerks konnte nichts nachgewiesen werden. Und gegen ihre Eltern auszusagen, läge noch nicht im Bereich des Denkbaren. Doch anhand der Verurteilungen habe sie es endlich aktenstapelweise schwarz auf weiß gehabt, dass sie nicht verrückt war. Und dass sich der Kampf lohnte.

Sophie wechselte ein letztes Mal den Wohnsitz und krempelte ihr Leben um, bemühte sich um eine Ausbildung und fand ihre Traumanstellung in einem Kindergarten. Zum ersten Mal hatte sie eine Wohnung, in der sie nicht regelmäßig vergewaltigt wurde. Einen noch größeren Unterschied machte allerdings ihr Umfeld, welches sie erstmals in ihre ganze Geschichte eingeweiht hatte, von Freunden bis zum Arbeitgeber. Jetzt konnte sie nicht einfach so verschwinden, ohne dass die Leute sofort wussten, was los war. Das gab ihr eine neue Sicherheit. Und damit die Freiheit, nach der sie sich so lange gesehnt hatte.

Nach all den Jahren also doch ein Happy End? Am Ende ihrer langen Nachricht erfahre ich die ganze, traurige Wahrheit: Kaum dass Sophie angefangen hatte, in ihr befreites Leben zu starten, wurde sie wieder und wieder krank. Dann kamen Schmerzen im Unterleib hinzu. Immer stärkere Schmerzen, die weiter und weiter ausstrahlten und sie bald ins Krankenhaus zwangen. Dort erfuhr sie die schockierende Diagnose: Vaginalkrebs. Als das Wort an mein Ohr dringt, ergreift mich ein Schauder. Sophies ganze Geschichte, ihr Schicksal wird in nur einem hässlichen Begriff so deutlich, dass es kaum auszuhalten ist. Die jahrelangen Misshandlungen scheinen ihren Tribut zu fordern, und ich muss sofort an jene Frauen in Indien denken, deren Leiden nach ihrer Befreiung und Betreuung nicht beendet sind, weil sie mit den Krankheiten und körperlichen Schäden kämpfen müssen, die sie sich in der Zeit der Zwangsprostitution zugezogen haben. Haben Sophies Peiniger also doch gewonnen?

Wir wissen nicht, ob Sophie den Krebs besiegen wird. Was sie aber bereits besiegt hat, ist das Schweigen, das Gefängnis von Unterdrückung und Scham, in das sie gezwungen worden war. Und so schwer es hinzunehmen ist, dass die körperlichen Spuren solcher Ereignisse unheilbar sein mögen, so hat sie sich die Welt dennoch zurückerobert. Und sie dabei zu unterstützen, war, wie sie durch ihr Leiden hindurch betont, das Beste gewesen, was wir damals – trotz aller

Unsicherheiten, die uns gequält hatten – tun konnten. Am Ende einer langen E-Mail im Laufe unseres weiteren Austauschs schreibt Sophie:

> *Jetzt steht also ein weiterer großer Kampf an, und wer weiß, vielleicht reichen Mut und Durchhaltevermögen auch noch für die nächsten fünf Runden. Ich wünsche es mir sehr, denn bei all dem Schmerzhaften meiner Vergangenheit gibt es doch auch so viel Wundervolles im Leben. Und diese Botschaft möchte ich allen Leidensgenossinnen und Fürstreitern mit auf den Weg geben: Manchmal bedarf es eines verdammt langen Atems – aber wo Kampf ist, da ist auch Hoffnung, und wo Hoffnung ist, da ist Leben.*

Prostitution und Menschenhandel in Deutschland

Wenn ich von Zwangsprostitution spreche, meine ich käufliche Vergewaltigung. Nach all meinen Einsichten bin ich überzeugt, dass sich diese nur in ihrer absoluten Brutalität und dem Gesetz nach von legaler Prostitution unterscheidet, nicht aber in ihrem Wesen. Die Zwänge und die Unfreiheit der Opfer treten nur deutlicher hervor.

Es ist nachgewiesen, dass die meisten Frauen, die käuflichen Sex anbieten, körperliche und psychische Schäden davontragen, egal ob in Zwangs-, Armuts- oder vermeintlich freiwilliger Prostitution. Um das zu erkennen, musste ich aber erst mit meinem eigenen Bild von Prostitution aufräumen. In meiner schwäbischen Heimat gibt es natürlich auch Bordelle. Als ich mit meinen Eindrücken aus Kambodscha zurückkam, musste ich mir voller Scham eingestehen, dass ich immer mit einer Art Hochnäsigkeit an ihnen vorbeigefahren war. Eine naive, hässliche Mischung von Vorurteilen hatte ich im Kopf: Sind sich diese Frauen da drin echt für nichts zu schade? Fällt ihnen nichts Besseres ein, als ihren Körper zu verkaufen?

Doch ich kannte ihre Realität nicht. Ebenso wenig scheint die deutsche Öffentlichkeit sie zu kennen oder ernst zu nehmen. Wir sprechen immer noch wohlerzogen von Sexarbeiterinnen und wollen niemandem in der „Branche", vor allem keiner selbstbestimmten Frau, zu nahe treten. Doch wir lassen uns blenden – von der unschuldig schillernden Fassade der Bordelle und sicher auch von dem kessen Auftreten mancher Frauen in dem Gewerbe, deren antrainierter Job es ja gerade ist, die Illusion der Freiwilligkeit aufrechtzuerhalten.

Dabei geht es für die allermeisten nicht darum, alle paar Tage einen Kunden abzuschleppen und dabei auch selbst etwas Spaß zu haben. Prostituierte kommen oft aus dem Ausland. Mit der Sprache fehlt ihnen zuallererst ein wichtiges Schutzinstrument. Sie können nicht verhandeln, sich nicht verteidigen, nicht argumentieren. Bei einem Bordellbesitzer beziehen sie ein Zimmer, in dem sie wohnen und arbeiten. Das kostet sie zwischen 100 und 200 Euro – pro Tag! Das heißt, sie brauchen oft fünf bis zehn Freier täglich, nur um wohnen zu können.[18] Das ist in meinen Augen körperliche Fließbandarbeit, die in diesem Ausmaß kaum jemand freiwillig machen kann. Dazu kommt die Verfügungsgewalt der Männer über die Frauen: Bezahlt wird am Eingang, und im Hinterzimmer bekomme ich, was ich will. Dabei wird jede Sexpraxis vom „Markt" aufgenommen und das passende Angebot geschaffen.

Jeder, der meint, es zu verkraften, sollte einmal in einem Hurenbewertungsforum (ja, die gibt es) ein paar „Nutzer"-Kommentare lesen. Der Würgereiz setzt dabei mit ziemlicher Zuverlässigkeit ein, aber man bekommt einen Eindruck davon, wie der Alltag der Frauen im „ältesten Gewerbe der Welt" wirklich aussieht.

Für alle anderen gibt es natürlich auch die Fachliteratur oder Stellungnahmen von Organisationen, die in diesem Milieu soziale Arbeit verrichten. Sie zeigen zur Genüge, was wirklich hinter dem käuflichen Sex steckt: knallharter Menschenhandel. Umfragen belegen, dass ein Großteil der sich prostituierenden Frauen unter extrem erniedrigenden und menschenunwürdigen Bedingungen arbeitet. Meist fehlen ihnen auch die Mittel, ihr Leben und ihre Gesundheitssituation so zu managen, dass sie diesen „Beruf" ungefährdet ausüben können. Offizielle Schätzungen der Polizei in Deutschland gehen außerdem davon aus, dass man nur bei fünf bis zehn Prozent der Prostituierten wirklich von Freiwilligkeit sprechen kann.[19] Mitten in unserer Gesellschaft werden also jeden Tag zehntausende Frauen gegen ihren Wunsch und Willen als Sexspielzeug angeboten. Die Gründe sind unterschiedlich. Sie könnten uns ja auch egal sein, wenn unser Menschenverstand nicht weiter danach fragen würde, warum sich das jemand antut. Bei vielen ist es ein Mangel an Alternativen (in ihrem Heimatland), oft kommen aber Zwang von außen und Ausbeutung dazu. Unterschätzt wird auch die emotionale Bindung an die Zuhälter, die die Frauen im Milieu gefangen halten – ähnlich wie es bei Sophie der Fall war. Und dass dieses Milieu geradezu naturgemäß Verbindungen zu allen Formen der organisierten Kriminalität aufweist, haben spätestens die „Paradise"-Prozesse vor wenigen Jahren bewiesen: Was der Öffentlichkeit lange als „sauberes" Vorzeigebordell präsentiert wurde, offenbarte sich als Deckmantel für Menschenhändler und gewalttätige Zuhälter aus den Kreisen der Rockerclubs Hells Angels und United Tribuns, und es kam zu einigen Verhaftungen, auch von Bordellbesitzer Jürgen Rudloff. [20]

Zum gleichen Schluss gelangen auch viele Menschenrechtsaktivisten, Forscherinnen und Wissenschaftler, die das Milieu durchleuchtet haben.

„Es gibt keinen Unterschied zwischen legaler und illegaler Prostitution. Zuhälter und Menschenhändler findet man an beiden Orten, und das sind keine Leute, die an den normalen Werten unseres Zusammenlebens interessiert sind. [...] [Und] ob man sie nun legale oder illegale Zuhälter nennt, es sind dieselben Leute."
— Statement von Melissa Farley, Psychologin und Direktorin der Organisation ‚Prostitution research and education'[21]

In Deutschland wollte man all diese Probleme trotzdem durch mehr Liberalisierung lösen. Nach fast zwei Jahrzehnten dieses Experiments ist entstanden, was Medien als den Puff oder das Bordell Europas bezeichnen, ein Hotspot für Sextourismus und <u>human trafficking</u> in der Mitte der EU[22]. Andere Länder schütteln über die deutsche Gesetzeslage ähnlich den Kopf, wie wir das etwa bezüglich der Waffengesetze in den USA tun. Doch es gibt auch laute Stimmen, die fordern, dass sich Deutschland endlich an das sogenannte Nordische Modell anschließt, welches unter Strafe stellt, die Dienste von Prostituierten in Anspruch zu nehmen. Man setzt also bei der Nachfrage an, was mittlerweile als einzig wirksame Waffe gegen Armuts- und Zwangsprostitution gilt. Ebenso wichtig sind die Ausstiegshilfen und Nachsorgeprogramme für die Frauen, um den Kreislauf nachhaltig zu durchbrechen, der sie in ihre Zwangslage gebracht hat. In Schweden ist seit Einführung dieser Politik nicht nur die Sexindustrie geschrumpft, der Menschenhandel ist fast gänzlich zum Erliegen gekommen.

KAPITEL 17

Goldene Momente

An Heiligabend 2014 bekam ich ein besonderes Weihnachtsgeschenk: Nach einer unverschämt unkomplizierten Schwangerschaft kam unsere Tochter Elisa zu uns auf die Welt. Wie schon oft in meinem Leben hatte ich keine genaue Vorstellung davon, auf was ich mich hierbei einließ. Ich hatte wenig Ahnung von Kindererziehung, dafür enormen Respekt vorm Muttersein. Auch wenn ich mit Jugendlichen gut konnte, Babys und Kleinkinder waren eine Blackbox. Simon ging es nicht viel anders. Auch Freunde konnten sich uns, zumal in der gegenwärtigen Situation, schwer als Eltern vorstellen – was mich nicht beleidigte, ich konnte es ja auch nicht. Ich wusste andererseits, dass ich mich wohl nie ganz bereit fühlen würde, aber ich hatte es selbst als schön erlebt, dass meine Eltern noch jung waren, als ich aufwuchs, und das wollte ich für meine eigenen Kinder auch. Wir mussten uns nur darauf einlassen…

Was auf mich wartete, war eine Mischung aus völliger Überforderung und absolutem Hingerissensein. Recht normal, denke ich, aber für mich eine neue Galaxie. Ich wurde überrollt davon, wie verliebt ich in meine kleine Tochter war. Gleichzeitig war ich überrascht, wie viel Arbeit so ein kleines Wesen doch machte. Damit verband sich ein mir völlig neues und noch fremdes Lebensgefühl: Ich war Mama. Äußerlichkeiten rückten in den Hintergrund. Nägel lackieren, vergiss es. Sachen ohne Flecken tragen? Nur in Ausnahmefällen. Die junge, lässige Surferin mit Träumen im Kopf war gestern.

Plötzlich ging nicht mehr alles. Indienreisen wurden seltener, ich musste überhaupt mehr priorisieren. Einem Freiheitsmenschen wie mir fiel das schwer, aber es tat gut, nach den letzten Jahren, die mehr als wild und stürmisch gewesen waren, zum ersten Mal ein bisschen gebremst zu werden. Es machte mir meine Grenzen bewusster. Und dieses Bewusstsein würde bald extrem wichtig werden.

Momentan war ich aber einfach nur entzückt, ernüchtert, verliebt, gestresst, überfordert, belustigt, Mutti. So startete ich ins Jahr 2015. Es sollte ein gutes Jahr werden.

Herbst. Winter. Was sagt der Instinkt?
Wegfliegen, wenn es kalt wird? Wir denken nicht daran!
Ein Baum verliert sein Laub. Aber ein Vogel nicht die Federn.
Uns wird es gerade erst richtig wohlig in unserem Nest.
Hier wird noch im Winter weitergewachsen…

…hatten wir noch aufmüpfig ins Lookbook unserer dritten Kollektion getextet. Wir wollten trotz aller Schwierigkeiten am Ball bleiben. All das „Lehrgeld", das wir bis hierher gezahlt hatten, sollte nicht umsonst gewesen sein.

Unsere Beharrlichkeit zahlte sich aus. Im Frühjahr erblickte die vierte Kollektion das Licht der Öffentlichkeit. Endlich hatten wir die Lektionen aus unseren Anfängerfehlern einfließen lassen können und waren bereit, uns etwas einfacher, etwas erwachsener und etwas größer zu präsentieren. Erstmals gingen wir in großem Stil auf Händlersuche und besuchten dafür die tonangebende Fair-Fashion-Messe in Frankfurt, auf der noch immer Filz und Alpaka die Ausstellerbereiche füllten, sprich, was vielleicht für unsere Eltern Öko-Mode bedeutete, für uns aber ein Klischee, von dem wir uns abheben wollten. Gut, dass zusammen mit uns noch viele andere junge Labels auf den Markt strebten. So fanden wir uns als Teil einer neuen Generation wieder und besetzten zusammen mit Armedangels, Recolution, Bleed, Wunderwerk und anderen heute etablierten Marken die damaligen Nischen der Messehallen. Vielen Namen hörte man schon die rebellische Ader oder eine Art neuen Idealismus an. Der war zwar schwer auf einen Nenner zu bringen, doch es ging uns allen darum, Mode für eine gerechtere Welt zu machen und der zum Teil angemiefelten Ökoszene mit neuen Konzepten und neuen Styles frischen Wind einzublasen.

Bald hatten wir die ersten Zusagen von Händlern, die es mit uns wagen wollten. Einige von ihnen empfingen wir auch bei uns zu Hause, bauten dafür einfach unser mobiles Wohnzimmer zum Showroom um und sagten mit Baby, Kaffee und Kuchen in der Hand Hallo. Wir waren klein und familiär, permanent zu improvisieren war normal – und dazu standen wir. Falsche Scham hilft dir als Start-up auf keinen Fall weiter. Es schien die Leute auch nicht abzuschrecken, sondern eher für uns zu gewinnen. Unsere Sommerkollektion schaffte es so in 17 Läden in Deutschland, Österreich, der Schweiz und den Niederlanden. Das war zwar noch immer nicht besonders viel, große Marken könnten darüber nicht einmal lächeln, doch für uns war es eine Bestätigung.

Wir waren im Aufwind und die aktuelle Thermik hielt eine zusätzliche Überraschung parat, mit der wirklich niemand von uns hätte rechnen können. Ebenfalls im Frühjahr erreichte uns eine E-Mail der „Bild der Frau". Nicht unbedingt eine Zeitschrift, die bei uns auf dem Wohnzimmertisch lag, mir aber immerhin ein Begriff.

Die Redaktion war durch einen Stuttgarter Zeitungsartikel, für den ich interviewt worden war, auf uns aufmerksam geworden und wollte gern für ihre Sparte ‚Soziale Projekte' ein Kurzporträt über Glimpse veröffentlichen. Nichts Spektakuläres, nicht wirklich unsere Zielgruppe, aber gut, vielleicht würden so ja viele Hausfrauen um die fünfzig, die sonst nie etwas von fair produzierten Klamotten lasen, Wind von unserer kleinen Moderevolution bekommen. Im besten Fall zogen vielleicht auch noch die Verkäufe unserer Männer-Basics an.

Ich beantwortete der Redaktion per E-Mail ihre vielen Fragen und drückte auf „Senden", sicher, dass es sich damit erledigt hatte. Doch nach ein paar Tagen klingelte mein Telefon: „Frau Schaller, es tut uns leid, der Artikel war nur vorgeschoben. Wir wollen gar nicht über Sie berichten... Wir wollen Sie auszeichnen. Mit der Goldenen Bild der Frau."

Goldene Bild der Frau?! Wow, das klang bedeutungsschwanger, aber was war das? Ziemlich geplättet erfuhr ich, dass die Redaktion jedes Jahr fünf von Frauen gegründete oder geführte soziale Projekte auswählte, mit einer Plakatkampagne in ganz Deutschland bekannt machte und auf einer Gala mit einem Preisgeld von 10.000 Euro auszeichnete.

„Nehmen Sie die Auszeichnung an?", fragte mich die Frau am anderen Ende der Leitung.

Nun kann man von Charity-Kampagnen ja halten, was man will, aber wenn dich als Start-up-Gründerin, die ständig in Geldnot ist, jemand anruft und dir bedingungslos ein paar Tausend Euro schenken möchte, sagst du einfach nur eines: „Äh ... jaaa!?!"

Ein paar Wochen gingen nach diesem Anruf ins Land und Simon und ich gönnten uns etwas Elternzeit für einen Roadtrip durch Spanien und Portugal. Wir genossen die Ruhe, auch wenn jeden Abend eine Arbeitsphase angesagt war, um E-Mails zu checken, Bestellungen zu organisieren, mit Händlern zu verhandeln – teils unter abenteuerlichen Bedingungen von den Campingplätzen aus. Wir wurden unserem Start-up-Image mehr als gerecht.

Als wir in der Gegend von Sevilla waren, war es Zeit für das Fotoshooting der Plakatkampagne, die Goldregen-Frauen flogen mich kurzerhand nach Hamburg ein. Fliegen?! Superverträglich mit unseren ökologischen Zielen, dachte ich mir. Aber es ging nicht anders. Dann eben kurz Jetsetterin sein – aber nur ganz kurz, versuchte ich mir selbst ein Versprechen abzunehmen. Auf zur Schießerei in der Hanse!

Was mich hier erwartete, war eine andere Nummer als unsere durch und durch do-it-yourself-mäßigen Low-Budget-Glimpse-Shootings. Allein das Büfett hätte das gesamte Budget eines unserer Wochenendtermine aufgefressen. Auch selber vor der Kamera zu stehen, war eine neue Erfahrung, beginnend mit dem riesigen Stylingraum, in dem eine wahre Schminkkolonne durcheinanderwirbelte, um uns fünf Frauen auf Plakat-Standards hochzupolieren. Bei unseren eigenen Fototerminen hatte ich immer im Hintergrund die Fäden gezogen, hatte die Verpflegung im Blick und geholfen, unsere Models zu stylen. Jetzt wurde ich selbst zurechtgepflückt. Gebräunt und relativ erholt, wie ich aus dem Urlaub kam, meinte mein Visagist ganz aufgedreht, dass man ja fast nichts mehr machen müsste – um daraufhin „nur noch" zwei Stunden an mir herumzuwerkeln. Es ging wohlgemerkt nur um Porträtbilder!

Was mich ebenfalls überraschte (aber weniger befremdete), war, wie interessiert sich die Redaktion an unserem und den vier anderen Projekten zeigte. Erwartet hatte ich viel Glamour und heiße Luft, ein großes PR-Tamtam für den Verlag. Aber die ganze Aktion war sehr durchdacht und für viele der Mitarbeiter offensichtlich ebenso ein Herzensanliegen, wie es Glimpse für uns war. Sie wollten wirklich etwas bewegen und kleine Projekte unterstützen und vernetzen.

Das machte mir Mut: Ich wollte mit unserem Anliegen nicht ewig in der Nische bleiben, sondern durchaus auch den Mainstream erreichen. Wir können uns nicht immer in unseren Szenen bewegen, wo wir sowieso leichtes Spiel haben und willkommen sind. Untergrund und etwas Rebellengefühl sind zwar ganz fein, aber wenn wir langfristig etwas erreichen wollen, müssen wir früher oder später (besser früher) auch die breite Masse ansprechen. Und die liest eben auch „Bild der Frau". Und sie schaut auf Plakate an U-Bahn-Haltestellen, auf denen etwas mit „Gold" steht und Frauengesichter abgebildet sind.

Lieber als mein breites Grinsen wäre mir auch ein Motiv der Arbeit aus Indien gewesen, aber so lief das eben: Im Sommer hing also mein Gesicht in Größe A1 in den Straßen vieler deutscher Großstädte. Eine solche Reichweite war eine völlig andere Dimension als unser bisheriger Orbit. Zu einer noch größeren Ausbreitungswelle führte jedoch die Onlineabstimmung, zu der die Plakate aufriefen und bei der es um weitere 30.000 Euro Preisgeld für das Projekt mit den meisten Stimmen ging. Was jetzt mit uns passierte, war der Inbegriff von „viral". Glimpse wurde dank unseres durchschnittlich sehr jungen Publikums so durch Facebook, das damals noch stärkste Online-Netzwerk, gejagt, dass es nur so Likes und Links und Stimmen und Kommentare regnete.

Das Ergebnis der Abstimmung wurde auf der Gala im Herbst bekanntgegeben. Zu dritt fuhren wir diesmal nach Hamburg, Elisa, die ich bislang überall mit hingenommen hatte, übernachtete das erste Mal bei den Großeltern.

Der Abend wurde von Kai Pflaume moderiert, der auch die Projekte mit ausgesucht hatte und sich als genauso interessiert und informiert offenbarte wie schon seine Kolleginnen zuvor. Mehr noch als das überraschte mich die Modenschau, mit der unser Projekt präsentiert wurde. Dafür hatte die Redaktion unter verdecktem Namen eine große Menge unserer Teile bestellt – und wir hatten uns schon gewundert, wer so viele Klamotten auf einmal orderte, und uns bereits über die zu erwartende Rücksendung aufgeregt; schließlich verfolgten wir voller Spannung fast alle Käufe in unserem Online-Store mit. Jetzt aber sahen wir den Grund vor uns auf der Bühne. Mir wurde ganz anders und Teresa, Simon und ich schauten uns aus überwältigten Augen in ungläubig schüttelnden Köpfen an.

Die Überraschungen rissen nicht ab. Als ich auf die Bühne gebeten wurde, interviewte mich Kai Pflaume und ich verteilte die Credits weiter an unser ganzes Team und erklärte, dass die eigentliche Arbeit doch unsere Partner in Indien machten. Und während ich dachte, wie schön es wäre, Keith und Ramona könnten hier sein und das alles sehen, vollbrachte der Moderator irgendeine kunstvolle Überleitung – und plötzlich kam von links hinter mir eine Frau in einem strahlend schönen Sari auf die Bühne. Ramona! Das Manöver war vollauf gelungen. Simon hatte Bescheid gewusst und geholfen, sie nach Deutschland zu holen, doch mich hatten sie völlig im Dunkeln gelassen. Beide brachen wir vor aller Augen in Tränen aus, umarmten uns, schenkten dem Publikum einen gar nicht mal unechten hochemotionalen Moment und setzten uns danach auf unsere Plätze in der ersten Reihe.

Als schließlich alle fünf Projekte vorgestellt worden waren, gelangte der Abend zu seinem Höhepunkt: die Entscheidung der Onlineabstimmung. Vorn auf der Leinwand rotierten die Porträts der fünf Nominierten, auch meines blitzte immer wieder hervor. Wie die Kirschen in einem einarmigen Banditen drehten sich die Bilder, wurden langsamer und... Wooooaah!!", schrie Simon neben mir auf. Ich brauchte drei Sekunden länger, um es zu realisieren. Wir hatten weitere 30.000 Euro gewonnen.

Das riesige Spektakel verhalf Glimpse in Sachen Reichweite und Bekanntheit zu einem ganzen Set aufregender Folgewellen. Immer mehr Medien kamen auf uns zu, sogar „Spiegel Online" berichtete im nächsten Jahr über unsere Initiative. Ein Freund, der das globale Event TEDx in meine alte Uni-Hometown Tübingen geholt hatte, lud mich ein, dort einen Impulsvortrag zu halten.

Firmen unterschiedlichster Branchen wurden auf uns aufmerksam und boten an, Glimpse bekannt zu machen oder uns anderweitig unter die Arme zu greifen, vom Biofruchtsafthersteller Rabenhorst bis zur Naturkosmetikmarke Dr. Scheller. Es war unglaublich, wer sich alles für unser Projekt begeistern ließ. Wir bekamen einen ordentlichen Wachstumsschub.

Auch die Werkstatt in Indien war bekannter geworden und konnte langsam mehr Platz gebrauchen, denn es sprach sich in Mumbai herum, welch gute Arbeit die Chaiim Foundation leistete. Mit unserem unverhofften Preisgeld halfen wir darum, den Umzug in ein größeres Gebäude zu stemmen, in dem Keith und Ramona mehr Frauen einladen und ihr eigenes Team vergrößern konnten. Mithilfe einer Spendeninitiative eines großen Unternehmens aus der Autoindustrie konnten wir sogar eine Komplettausstattung hochwertiger Nähmaschinen nach Mumbai schicken.

Mittlerweile nahm ein gutes Dutzend *Survivors* am Programm der Chaiim Foundation teil. Die wiederholten Begegnungen mit ihnen, drüben „an der Basis", waren für mich die eigentlichen goldenen Momente unserer ganzen Arbeit. Jedes halbe Jahr flogen wir zusammen oder mindestens einer von uns nach Mumbai. Wir brachten die Verkaufszahlen und die Kataloge der aktuellen Kollektion mit und machten ein „Huddle" – „Gruppentreffen" mit allen indischen Teammitgliedern und den Frauen, die uns mittlerweile mit den Worten „Hello didi" – „Hallo Schwester" begrüßten (viele Erwachsene in Indien sprechen sich gegenseitig als Bruder und Schwester an). Es bewegte mich, ihre Reaktionen zu beobachten, wenn sie gemeinsam in den Lookbooks stöberten, die Bilder von den Fotoshootings in der Natur und im Studio sahen, dazu Schnappschüsse, die wir in Indien gemacht hatten, auf denen sie sich selbst erkannten und denen wir manchmal Aufnahmen aus Deutschland gegenüberstellten. In diesen Momenten redeten sie nicht Englisch untereinander, wie sie es mit uns taten, sondern plapperten fröhlich und aufgeregt in ihrer Muttersprache Hindi durcheinander. Es tat ihnen gut zu sehen, wie wertvoll ihre Arbeit ein paar Tausend Kilometer entfernt präsentiert wurde und dass Menschen von ihren Geschichten erfuhren und sich bewusst entschlossen, ihre Zukunft mitzutragen. So sah das aus, wenn die Welt zusammenrückte. Der Plan funktionierte.

Eine Hoffnungsgeschichte von vielen

Eine der Frauen in unserer Partnerwerkstatt war Ria. Als 16-Jährige war sie mit einem Mann zwangsverheiratet worden, den ihr Vater für sie ausgesucht hatte. Doch sie fand sich in dieser Ehe nicht zurecht und beschloss kurzerhand auszubrechen. Bei einer Freundin fand sie Zuflucht und wollte von dort aus die nächsten Schritte planen. Die Freundin sagte, sie kenne eine Frau, die ihr helfen könne, und brachte Ria zu ihr.

Die angebotene Hilfe entpuppte sich jedoch als Vorwand, um Ria festzuhalten und an einen Zuhälter zu verkaufen, der sie von da an in einem Bordell in Süd-Mumbai gefangen hielt. Jeden Tag wurde sie dort mehrmals brutal vergewaltigt und geschlagen, damit sie nicht gegen die „Kunden" rebellierte, die zu ihr gelassen wurden. Sie bekam auch diverse Drogen verabreicht und griff zusätzlich zu Alkohol, um die körperlichen und seelischen Schmerzen zu ertragen.

Ria wurde von Bordell zu Bordell weitergereicht. Nach zwei Jahren und unzähligen Misshandlungen befreiten staatliche Einsatzkräfte sie aus einem Haus in einem entlegenen Vorort Mumbais. Von dort wurde sie in eine Einrichtung für gerettete Frauen gebracht, wo sie die nächsten sechs Monate bleiben konnte. Anschließend wurde ihr ein Platz in der Chaiim Foundation vermittelt.

Als Ria ankam, erlebten die Mitarbeiter sie als sehr unhöflich, undiszipliniert und abweisend. Sie beteiligte sich wenig, ließ nicht mit sich reden und zeigte allen, wie stolz sie auf ihre Schönheit war. Dennoch durfte sie bleiben, wurde mit Liebe und Verständnis behandelt und bekam wie alle eine Therapie und eine Berufsausbildung, ein monatliches Gehalt und Mentoring.

Innerlich war Ria zutiefst verletzt und hatte große Probleme, anderen Menschen zu vertrauen. Doch die Betreuerinnen ermutigten sie, an die Schönheit der Welt zu glauben und daran, dass sie echte Liebe finden könnte. Mit der Zeit wurde sie zugänglicher und begann, ein neues Selbstwertgefühl zu entwickeln. Die Gewissheit, mit Chaiim eine große Familie in ihrem Leben zu haben, die zu ihr stand, bedeutete für sie einen großen Unterschied.

Als Ria begann, sich für einen Mann zu interessieren, und dieser bald Heiratswünsche äußerte, wurde sie von ihrer Therapeutin ermutigt, ihm von ihrer Vergangenheit zu erzählen. Wenn er sie anschließend immer noch akzeptieren würde, könnte sie die nächsten Schritte in der Beziehung gehen. Das bedeutete, ein großes Tabu zu brechen, doch Ria folgte dem Rat – und sie bereute es nicht. Nach ihrem Programmabschluss heiratete sie und wurde bald darauf stolze Mutter eines kleinen Mädchens.

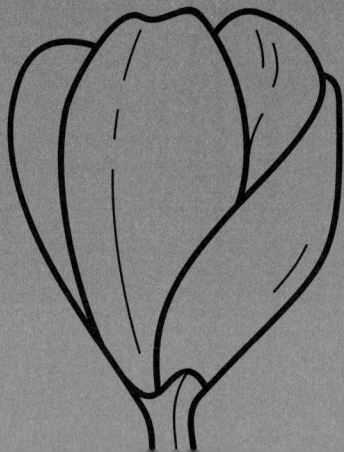

KAPITEL 18

Krise in Utopia

Glimpse wuchs, was großartig war, nur hatte das Wachstum auch eine Schattenseite: Das Tempo zog deutlich an und das Projekt wurde zu einem 100-Prozent-Job, der für mich nicht mehr nebenbei zu machen war.

Der Online-Shop und die Buchhaltung schluckten mehr und mehr Zeit, ich musste Bestände pflegen, Händler betreuen, dazu bei der Produktionsplanung helfen und für Chaiim ansprechbar sein. Live-Veranstaltungen waren zu organisieren und zu besuchen, Marketing- und Presseaufgaben zu erledigen und natürlich hunderte E-Mails zu beantworten: Kundenfeedback, Beschwerden, Interviewanfragen, Unterstützerbriefe. Bei all dem wurde ich von Praktikantinnen unterstützt, die nebenher auch angeworben, koordiniert und betreut werden wollten. Zudem hatten wir kürzlich noch einen Verein gegründet, in dem wir die Aufklärungsarbeit und das freiwillige Engagement unserer Freunde bündelten und mit dem wir halfen, die ideelle und therapeutische Seite der Arbeit von Chaiim zu unterstützen. Spendenaufrufe und Fundraising-Maßnahmen waren an der Tagesordnung. Ein bisschen was gab es also schon zu tun.

Die ersten zwei Jahre hatten wir diesen Aufwand noch irgendwie weggesteckt. Ich hatte zwar ganz normal als Juristin gearbeitet, aber drum herum und zwischendurch war jede freie Minute für Baby Glimpse reserviert. Dann kam Baby Elisa und meine Elternzeit hatte etwas Ruhe in die Sache gebracht. Für Hobbys hatte ich zwar noch immer keine Zeit, aber insgesamt war ein Kind plus Glimpse leichter zu managen als Vollzeitjob plus Glimpse. Doch nach diesem goldenen Jahr musste ich wieder anfangen zu arbeiten, wenigstens halbtags, denn die Einkünfte aus unserem Social „Business"... doch dazu komme ich noch.

Ab 2016 also hatte ich mich an einen neuen Rhythmus zu gewöhnen. Morgens hatten wir eine knappe Stunde als Familie, dann brachte Simon Elisa in die Kita, damit ich zu meiner alten Arbeitsstelle bei der LFK düsen konnte, ich rackerte von acht bis zwölf Uhr Fälle im Medienrecht durch, eilte nach Hause, traf mich dort mit unserer Praktikantin, kombinierte Mittagessen mit Besprechungen, danach arbeiteten wir zwei Stunden, bevor ich Elisa unter Volldampf von der Kita abholte... ach ja, noch kurz auf den Spielplatz — schaukeln... schaukeln... schaukeln... Kaffee trinken... Vollbremsung. Runterkommen? Keineswegs, mein Kopf drehte sich weiter und ich wusste, zu Hause wartet die Arbeit, Feierabend war erst gegen Mitternacht.

Dieses Pensum war natürlich langfristig nicht durchzuhalten und es tat auch niemandem gut, das stand für mich schon nach zwei Monaten fest. Ich wurde weder meinem Kind noch meinem Mann noch unserem Projekt gerecht. Besonders tat es mir weh, dass wir als Familie unter meinem selbst gemachten Druck zu leiden hatten.

Aber nicht nur ich, jeder von uns steckte zu viel Energie und Zeit hinein. Simon baute seit etwa drei Jahren eine Selbstständigkeit auf, arbeitete aber bestimmt die Hälfte seiner Zeit für Glimpse. Jetzt kamen bei ihm mehr Aufträge, die für ihn lukrativer waren und mehr Perspektive hatten, und er musste entscheiden, wie er die Jobs gewichten wollte. Teresa wiederum reiste jetzt, weil es mit Kind für uns nicht mehr so leicht war, öfter allein nach Indien und widmete sich unter Anstrengungen dem Ausbau der Produktion. Doch auch sie erwartete ein Kind - es zeichnete sich also ab, dass es uns beiden bald ähnlich gehen würde.

Meine Leidenschaft entwickelte sich mehr und mehr zum Zwang und das Tempo meines Lebens wurde zum Horror. Es war ein Unding, dass das zweite Jahr mit unserer Tochter in diese Zeit fiel, doch ich kann heute auch nicht anders, als ein wenig dankbar dafür zu sein, denn weil ich damit überfordert war, jetzt auch noch als Mama funktionieren zu müssen, musste ich schneller Bilanz ziehen. So kam ans

Licht, dass ich die Utopie eines 300-Prozent-Alltags lebte – während ich Frauen in Indien bei der Emanzipation unterstützte.

Immer klarer stand mir auch der fehlende finanzielle Gegenwert vor Augen: Glimpse war zwar gewachsen, warf aber lange nicht genug Geld ab, um die zwei bis drei Vollzeitstellen zu schaffen, die die Organisation eigentlich verlangte. Nach zweieinhalb Jahren zahlten wir uns noch immer kein reguläres Gehalt aus, sondern eine Art Aufwandsentschädigung von 400 Euro. Brutto. In der Anfangszeit hatten wir sogar völlig auf Bezahlung verzichtet, und das war okay gewesen. Wir hatten damals eben entschieden, das Label zunächst ehrenamtlich aufzuziehen und, leidenschaftlich, optimistisch und blauäugig wie wir waren, noch kaum auf Wirtschaftlichkeit geachtet.

Gründungsspezialisten sagen, dass die meisten funktionierenden Start-ups nach etwa drei Jahren über den Berg sind und die ersten Früchte einfahren können. Break-even. Erste Entspannung. Durch den zunehmenden Erfolg schafften wir es zwar mittlerweile, unsere Kollektionskosten zu stemmen, aber wenn Gehälter oder ein Büro dazukämen, würde der Deckungspunkt wieder in weiteste Ferne rücken. Auch auf indischer Seite reichte unser Auftragsvolumen nicht aus, um die laufenden Ausgaben für das Projekt zu decken, was vor allem an den hohen Mieten lag, die im dicht bebauten und übervölkerten Mumbai etwa mit denen New Yorks vergleichbar waren.

Die Bilanz war also klar: *Social* ja, *Business* naja. Wir konnten zwar – mithilfe unserer Freunde und Familien und des Vereins – die Kosten der sozialen Arbeit der Chaiim Foundation durch Spenden mittragen, aber ein spendenfinanziertes Hilfsprogramm aufzubauen, war ebenso wenig unsere langfristige Idee gewesen, wie wir jedes Jahr mit einem fetten Award rechnen konnten. Ein sich selbst tragendes Sozialunternehmen war das Ziel.

Wenn wir diesen Traum weiterhin leben wollten, musste er näher an die Realität rücken. Es musste gehen, ohne dass es irgendwem schadete. Wir konnten nicht länger so viel Energie, Zeit und Geld in ein nicht funktionierendes Modell investieren. Wir brauchten eine neue

Strategie, damit wenigstens ein oder zwei von uns in absehbarer Zeit das Label hauptberuflich betreuen, das heißt auch davon leben konnten. Der Idealismus hatte seine Grenzen erreicht, und das war gut so.

Ich denke, viele, nicht einmal nur im Sozialwesen oder als Gründer, haben schon so eine Erfahrung gemacht. Man steckt wahnsinnig viel Leidenschaft in eine Sache, die einem wichtig ist, aber irgendwann merkt man, dass man den gesunden Blick von außen verloren hat. Wichtig ist, sich diese Perspektive zurückzuerobern.

Wir holten einen Start-up-Coach und einen Finanzberater an Bord, die uns halfen, die harten Zahlen auf den Tisch zu packen, unsere Vision zu formulieren und neue Pläne zu schmieden. Wir wollten eine Wachstumsfinanzierung angehen und hatten bereits Kontakt zu einem Investorenpaar aufgenommen, das großes Interesse angemeldet hatte, uns langfristig zu unterstützten. Doch eines war klar: Dafür mussten wir unternehmerisch erwachsen werden, uns fortan klare wirtschaftliche Ziele und Grenzen setzen und die nötigen Konsequenzen aus den letzten zweieinhalb Jahren ziehen.

Das schloss eine für uns sehr schwierige Entscheidung mit ein: Um mehr zu produzieren und zu verkaufen, mussten wir versuchen, unser Modebild umzustellen, und anfangen, mit Basics eher den Mainstream zu bedienen. Wir waren zwar bereits einfacher geworden, aber immer noch recht designorientiert unterwegs. Am Anfang hatte uns das auch geholfen, vor allem um uns selbst mit den Sachen zu identifizieren. Auch viele Freunde liebten den Stil, doch außerhalb unserer Bekanntenkreise war der Markt für die hochwertigen Sachen – trotz unserer wachsenden Händlerzahlen und vieler Live-Veranstaltungen – zu klein. Noch problematischer war der Spagat, den es für die karitative Werkstatt bedeutete, die sich nicht so „eingependelt" hatte, wie wir gehofft hatten. Unsere kleinen Kollektionen brauchten immer noch viel Anleitung, Betreuung und Kommunikation, Zeit und Geld, das wir trotz bereits gehobener Bio-fair-Preise nie wieder reinholen konnten.

Ich begann, uns mit anderen zu vergleichen. Ein Label, das sich etwa zeitgleich mit uns gegründet und nur mit T-Shirts begonnen hatte,

hatte uns völlig abgehängt. Sie hatten mittlerweile ein großes Sortiment mit hohen Stückzahlen aufgebaut. Wenn wir ebenfalls auf einfachere Klamotten setzten, dachte ich, könnten wir sehr viel schneller und günstiger produzieren und dabei vermutlich auch auf die Vor-Ort-Betreuung durch unsere Volontärinnen verzichten. Dafür mussten wir aber ein wenig Pragmatismus Platz machen.

Nur fiel uns der unterschiedlich schwer. Ich selbst liebte die Mode, doch am Ende des Tages war sie für mich ein Mittel zum Zweck, der Stoff für unsere Mission. Simon fühlte das ähnlich – außerdem war er ohnehin, trotz seiner gesteigerten Begeisterung für unsere Themen, dabei, sich stärker auf den Freiberuf zu konzentrieren. Glimpse musste für ihn einfach flutschen oder es war nicht machbar. Für Teresa als Designerin aber bedeuteten die Umstellungen eine schmerzvolle Anpassung. Sie hatte die Schönheit in die Mode gebracht, das Poetische, und sollte auch fortan den Charakter für die Kleidung bestimmen. Wenn wir jetzt stark auf Basics und ein eher minimalistisches Design umstellten, war zu befürchten, dass Glimpse nicht mehr genügend Herausforderungen für sie bereithielt. Sie war am Anfang ihrer Berufsjahre, beherrschte hochkomplizierte Schnitte bis hin zu Hochzeitskleidern und sie liebte das Besondere. Unser aktuelles Modebild war für sie schon sehr reduziert, wie könnte sie mit T-Shirts ihr Potenzial entfalten?

Es begann eine Zeit sehr herausfordernder Gespräche in unserem Team. Wie könnten wir das Unternehmen anpassen, ohne dass jemand zu kurz käme? Jeder von uns war gleichberechtigter Gründer, hatte Glimpse zu seinem Kind gemacht, es mit großgezogen, seine Talente und Leidenschaften investiert, dazu viel Zeit und Geld, und entsprechend hingen wir alle sehr daran. Jeder suchte auch weiterhin seinen Platz und wie er sich hierin verwirklichen konnte. Das heißt, es kamen auch viele Emotionen ins Spiel. Darum fiel uns die Kommunikation über die anstehenden Veränderungen sehr schwer. Nicht zuletzt waren wir alle willensstarke Persönlichkeiten und wie das mit starken Persönlichkeiten so ist: Es ging nicht ohne Streit über die Bühne.

Bald stand infrage, ob wir noch gemeinsam in dieselbe Richtung steuerten. Noch nie zuvor war ich so verunsichert, ob Glimpse noch eine Zukunft haben würde.

Dabei stellte sich erstmals auch unsere Aufteilung auf zwei verschiedene Standorte als größeres Problem heraus. Simon und ich lebten in Stuttgart und sahen uns als Ehepaar täglich; Teresa war allein und in München. Das war eine Schwachstelle, die wir alle zusammen von Anfang an nicht ernst genug genommen hatten. Auch wenn wir viel telefonierten und uns hin und wieder trafen, war doch jeder in seiner Sphäre unterwegs, wühlte in seinem Bereich und an seinem Wohnort vor sich hin und kultivierte die eigenen Ideen. Der alltägliche Austausch blieb dabei auf der Strecke und damit unser Wachstum als Team. Vielleicht halten manche Projekte so eine Distanz aus, uns erschwerte es das Zusammenfinden zunehmend. Jetzt, als es galt, auch unangenehme Entscheidungen zu treffen, umso mehr.

KAPITEL 19

Ein schmerzvoller Abschied

Es ging mir schlecht. Ich hasse Konflikte – meine Widerstandskraft ging schnell zur Neige. Wir mussten uns schnell einig werden, ob es weiterging und wenn ja, wohin sich das Label entwickeln sollte, sonst würden wir Chaiim als Partner verlieren, und das wollte ich auf keinen Fall.

Wir schalteten einen Mediator ein, der uns half, die Schwierigkeiten klar zu benennen. Kaum zu glauben, aber so intensiv hatten wir uns bisher noch nie über den Kurs unseres Unternehmens ausgetauscht. Zum ersten Mal waren wir verpflichtet, unsere persönlichen Erwartungen an die Zukunft im Detail festzuhalten, und machten einen gründlichen Visionscheck.

Immer deutlicher zeigte sich, dass wir zwar nach wie vor Überzeugungen teilten, aber unsere Prioritäten weit auseinanderlagen. Dass es uns drei Jahre gekostet hatte, diese Deckungsungleichheit zu erkennen und Konsequenzen daraus zu ziehen, tat weh. Wir hatten uns damals einfach hineingestürzt, abenteuerlustig und heiß darauf, etwas zu bewegen. Und leichte Inkongruenzen gibt es doch in jedem Gründerteam, oder?

Unser Projekt kannte bisher nur den Vorwärtsgang. Das hatte auch geholfen, denn mit zu viel Bedenkenträgerei wäre Glimpse nie Wirklichkeit geworden. Anfangs ist es außerdem einfach, sich einig zu fühlen, denn alle haben nur ein Ziel: den Zug ins Rollen zu bringen und gegen alle Widerstände auf dem Gleis und in Fahrt zu halten. Der Gründerkessel brodelt, jeder wirft rein, was er kann, es dampft und glüht und alles, was der Zug abwirft, feiert man wie verrückt.

Auch die erforderlichen Investments scheinen in den ersten Monaten gesetzt – zumindest wenn man keinen kritischen Betriebswirtschaftler an Bord hat, der wohl von Anfang an auf verschiedene Optionen hinweisen würde. Aber irgendwann, wenn sich der Dampf der ersten Stunde langsam legt und man nicht mehr ein Feuerwerk nach dem anderen abfackelt, sondern wichtige Weichenstellungen vornehmen und entscheiden muss, in welche Richtung man investieren will, dann wird es ernst.

Wir kamen zu dem Schluss, dass wir nicht nur dem wirtschaftlichen Durchblick, sondern auch unserer Aufstellung als Team definitiv zu wenig Aufmerksamkeit geschenkt hatten. Die aktuelle Krise war natürlich nicht unsere erste Auseinandersetzung, in der wir uns uneinig waren oder die geografische Distanz beklagt hatten. Aber wir hatten den tieferen Austausch miteinander nicht gewagt, ja gemieden, hatten versäumt, uns selbst dazu zu verpflichten, Konfliktpotenziale offen auszusprechen und an ihnen zu arbeiten. Jeder von uns hatte auch schon einmal Bedenken gehabt, ob wir wirklich langfristig an einem Strang zögen und unsere unterschiedlichen Schwerpunkte und Charaktere gut zusammenpassten. So ganze hundert Prozent war keiner mit den Vibes im Team zufrieden. Auch diese kleinen Funken, diese kleinen *glimpses* anzuerkennen, hätte zu unserem gemeinsamen Glimpse dazugehört.

Hätten wir doch die Unstimmigkeiten ausgesprochen, als sie noch leise waren! Was war so riskant daran gewesen? War es die Angst, dass alles zusammenfallen könnte? Ich jedenfalls musste mir eingestehen, dass ich unbewusst befürchtet hatte, das Team für meine eigenen Pläne zu verlieren. Hätte ich Probleme thematisiert, wäre nicht nur unser scheinbarer Konsens gefährdet gewesen, sondern auch meine eigene Vision, für die ich mich vor sechs Jahren extra auf den Weg ans andere Ende der Welt gemacht hatte.

Ich hatte danach so lang auf das Projekt gewartet, so lange geträumt und nebenher meine halbherzige Juristenlaufbahn in Kauf genommen, dass ich nur noch durchstarten wollte. Alle – zumindest alle äußeren – Ampeln hatten endlich auf Grün gestanden. Also los! Dabei hatte ich es mir auch noch zu eigen gemacht, die Entstehung von Glimpse, mitsamt der ganzen kleinen Wunder und Zufallsbegegnungen, als besonders „gefügt" anzusehen. Und was Gott zusammengefügt hat … darüber brauchen wir uns keine Gedanken mehr zu machen, richtig?

Ich musste zugeben, dass ich Glimpse vielleicht zu sehr gewollt hatte und dabei auf eine Illusion von Konfliktfreiheit hereingefallen war; wobei ich unsicher war, ob der Fehler darin bestand, dass wir überhaupt miteinander gestartet waren oder dass wir nicht ganz ehrlich miteinander geredet hatten. Glimpse an sich war doch kein Fehler gewesen?! Wir hatten gemeinsam etwas Einzigartiges für uns und für andere geschaffen, zwar keine Meisterleistung in Unternehmerkunst, aber ein fröhliches Start-up mit wunderbarem Output an ganz vielen Stellen. Daran glaubte ich. Doch wenn das Ziel grundsätzlich feststeht und gut ist, heißt das wohl nicht, dass auf dem Weg keine Steine liegen dürfen. Oder (Harmoniemenschen aufgepasst!): Selbst wenn alles dafür spricht, heißt das nicht, dass gar nichts dagegen spricht.

Es ist schwer, die Dynamiken, den Strudel, in den wir damals gerieten, für Außenstehende zu beschreiben, zu erklären, warum es schließlich notwendig war, dass wir Glimpse auflösten. So viele Emotionen, der ganze Ballast unserer Konfliktscheue, hatten sich hineingemischt. Unter dem Strich aber brauchte Glimpse immer noch Umstellungen, über deren genaue Ausmaße wir uns trotz aller Mediation und Beratung nicht einig wurden, vor allem nicht so, dass der hohe Grad an Identifikation für jeden von uns erhalten geblieben wäre. Simon und ich entschieden, dass es so nicht weiterging – es wäre besser, wenn jeder seinen eigenen Weg verfolgte, auch wenn wir sehr ungewiss waren, wie das für uns beide genau aussehen würde. Fest stand, dass wir Chaiim, die ja ganz auf unsere Unterstützung angewiesen waren, auf keinen Fall im Regen stehen und uns irgendetwas neues für die Partnerschaft einfallen lassen wollten.

Zunächst mussten wir aber alle von Glimpse Abschied nehmen, nicht nur von dem gemeinsamen Projekt, sondern auch von der bestehenden Marke und dem Namen, denn jeder war Miteigentümer und die immateriellen Werte ließen sich schwer teilen – oder ihre Teilung verursachte zu viele Schmerzen. Wir übertrugen die Markenrechte treuhänderisch an einen Anwalt, beschlossen, was mit den Restbeständen passieren sollte, machten einen Auflösungsvertrag, setzten nicht ohne Tränen und Frust unsere Unterschriften darunter. Im Sommer 2017 würde die letzte Kollektion vom Stapel laufen, im Herbst wollten wir die Website aus dem Netz holen. Danach würde Glimpse bald nur noch eine Erinnerung sein... und der Name eines antarktischen Gletschers auf 78.16′ Grad Süd, 162.46′ Grad Ost

— das Ende der uns bekannten Welt.

„Selbst wenn alles dafür spricht, heißt das nicht, dass gar nichts dagegen spricht."

Do it yourself: erste Nähversuche

Foto: Mathis Leicht

Wahlstation(!): Referendariat in Brisbane

Verliebt in den besten Freund

Leidenschaft entdeckt

„Nähen beflügelte
mich und tat mir
auf eine fast
therapeutische
Weise gut."

Schlagzeugunterricht mit Simon

Vorsichtiges Vorantasten in Siem Reap

Endlich etwas anderes als Vorlesungssäle

Teilnehmerinnen bei YWAM, Australien

Lebensbericht für andere junge Menschen

„Ich entdeckte das Feuer, nach dem ich so sehr gesucht hatte."

Mitarbeit in Sozialprojekten, Südostasien

Englischunterricht in kambodschanischer Schule

Kambodscha: Reisen in der Regenzeit

Kennenlernen in Sihanoukville

Nähunterricht mit Teresa

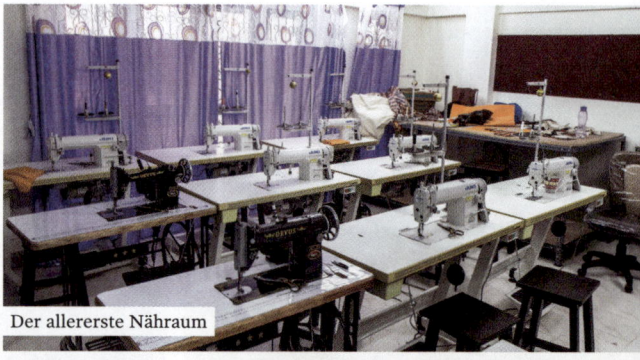

Der allererste Nähraum

Suche nach Knöpfen für Kollektion 1

Schnell noch Sightseeing: Taj Mahal

Mit Ramona (li.), Keith (2.h.r.) und ihrem Start-Team

2011

„Indien war inspirierend, überwältigend, extrem."

Erste Besuche bei Bio-Stoffhändlern

Mittagessen bei Chaiim Foundation

Workshop „Modezeichnen" mit den Frauen

Mit dem Tuk-Tuk zur Werkstatt

Pionierstück „Kolumbuz" an Wegbegleiter Felix

„Wir hatten ein Modelabel mit einer humanitären Mission und einer neuen Botschaft: Love sells."

Provokantes Starter-Accessoire

Bestseller-Kleid „Butter Chicken", Kollektion 1

Wohnzimmer-Shooting für's Stuttgarter Lift-Magazin

Master-Cutter Charles

Foto: Lea Barnowsky

20

12

Kalt war's: erstes Shooting am Bodensee

Releaseparty für Glimpse-Kollektion 2 im Stuttgarter Club „Schräglage"

Letzte Vorbereitungen im Wohnzimmer

„Wir waren Pioniere. Es gab keine fertigen Konzepte, keine Vorbilder."

Freundinnen helfen, die letzten Knöpfe anzunähen

Foto: Lea Barnowsky

Gründergespann

Foto: Mathis Leicht

Zwischendrin noch eben heiraten ...

Festivalauftritte gehören von Anfang an dazu

Foto: Mathis Le

Naturverbunden: Kollektion 3

Ramona sieht Glimpse erstmals im Laden

Mit Collien Ulmen-Fernandes auf der Gala

© BILD der FRAU

Überraschungsgast Ramona im Interview mit Kai Pflaume

Vortrag bei TEDx Tübingen

„Deine Begabungen kannst du an tausend Orten einsetzen – aber dein Herz beginnt nicht an tausend Orten zu schlagen.“

Foto: Mathis Leicht

Kollektion 6: Shooting im Scherbenhaufen

Muttitasking gefragt

Foto: Michael Colella

Auf dem Laufsteg ...

... die 8. und letzte Glimpse-Kollektion

Theresa, Julian und Amy präsentieren Kollektion 5

2014

Produktentwicklerin Kathrin in Aktion

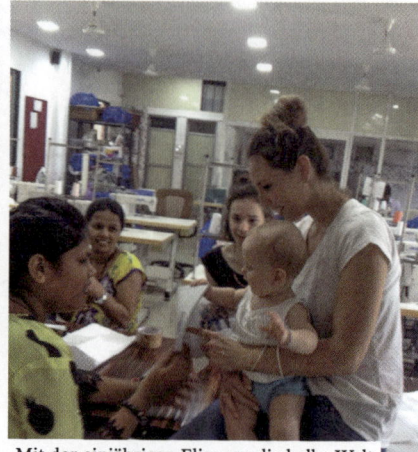

Mit der einjährigen Elisa um die halbe Welt

Mach mit bei der Fashion-Revolution

Foto: Michael Colella

Foto: Michael Colella

Neue Werkstatt – Platz für mehr Hoffnungsgeschichten

2015

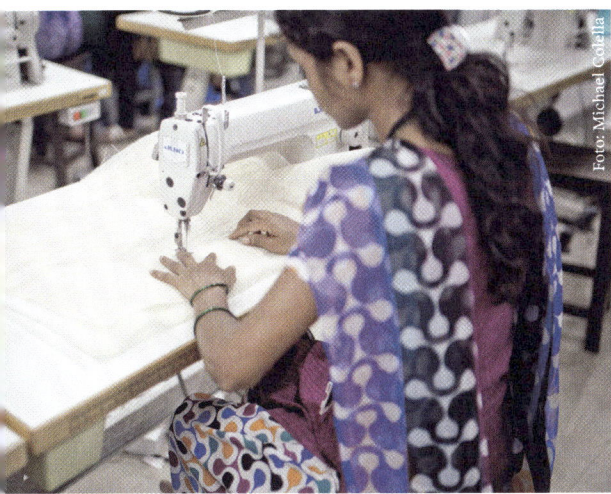

Foto: Michael Colella

„Ein Reihenhäuschen gegen 24 Leben, das kann man machen, oder?"

Schnittmuster-„Party" bei Chaiim

Die Frauen entdecken ihre Arbeit stolz in den Lookbooks

Foto: Michael Colella

Logo-Entwurf zum Neustart

Neues Label, neues Team: [eyd] 2017

Tochter Tilly im Kreise der Models

Foto: Mathis Leicht

Puristisch: [eyd]-Kollektion 2

„Manchmal müssen wir näher an die Realität rücken, um unsere Träume weiter zu leben.“

Vereinsmitglieder berichten aus Indien

2017

Foto: Mathis Leicht

Foto: Michael Colella

EMPOWER YOUR DRESSMAKER

Auf der Berlin Fashion Week

Kulturfestival Stuttgart: Sucheta, Ramona, OB Kuhn und Keith

Foto: Michael Colella

Wieder angekommen ... bei Kollektion 8

Foto: Michael Colella

Auszeichnung für den Cord-Jumpsuit „Tisa"

Freude über zwei Jahre [eyd]

Marokko, 2019: Die Reise geht weiter

KAPITEL 20

Herzensprüfung

Ich kam mir vor wie nach einem äußerst kräfteraubenden Wellenritt, der durch ein zu frühes Brechen der Welle jäh beendet worden war und mich vom Brett katapultiert hatte.

Beim Surfen unterteilt man den ankommenden Swell in sogenannte Sets. Ein Set hat meist drei bis acht Wellen, zwischen denen Pausen von etwa sieben bis 15 Sekunden liegen, dann folgt eine lange Pause von mehreren Minuten und es rollt das nächste Set heran. Ich hatte mich mit Glimpse voller Enthusiasmus in die Brandung gestürzt und, anders als geübte Surfer, gleich die erste, noch unberechenbare Welle des Sets genommen. Sie hatte mich von meinem Traumkurs gespült und unter Wasser ordentlich durchgewaschen.

Gerade noch hatte es sich angefühlt, als wären wir kurz vor dem Durchbruch, nur ein paar Anpassungen wären nötig gewesen, doch jetzt mussten wir alles aufgeben. Oder? „Hey Gott, willst du mir irgendetwas sagen?" „Du, Nathalie, war zwar 'ne schöne Idee, aber jetzt ist auch gut."? Ich hörte kein Ja und kein Nein, ich sollte es wohl selbst entscheiden.

Die Situation stellte mich – und natürlich auch Simon und mich zusammen – vor eine echte Herzensprüfung. So viel war mir klar: Es noch mal zu versuchen, würde mehr verlangen, als mich einfach aufzuraffen, nach dem Motto: „Auftauchen, Sand ausspülen, weitersurfen." Andererseits hatten wir immer noch den Kontakt zu den Investoren auf dem Tisch liegen, die uns unterstützen wollten und darauf warteten, ob wir noch einmal den Neustart wagen würden.

Nur überschlug sich im Moment alles viel zu sehr. Ich tauchte tatsächlich gerade erst wieder auf, umstrudelt und zerwühlt vom Ende unseres Start-ups, und die Auflösung würde auch noch ein halbes Jahr organisatorische Nacharbeit erfordern. Wollte ich gleich die zweite Welle in Angriff nehmen, die – wie Surfer wissen – oft die gewaltigere, aber auch schönere sein soll? Ich brauchte dringend für einen Moment Luft. Entscheidungszeit... Elternzeit, ja, zum Glück hatte ich noch ein halbes Jahr davon in Reserve und konnte somit wenigstens meine reguläre Arbeit pausieren.

Die Zeit tat mir wahnsinnig gut, um durchzuatmen und mich der Entscheidung mit mehr Besonnenheit zu widmen. Meine inneren Zündkerzen glühten definitiv für einen Neustart, doch ich spürte verschiedene Impulse, die mich antrieben. Die wollte ich erst sortieren, mich nicht noch einmal blind in die Sache hineinstürzen, nur weil irgendein Motor in mir weiterlief, den ich nicht so richtig verstand. Intensiver denn je befragte ich mich, warum ich das alles machte und ob ich es wirklich wollte. Was war dran an meiner Vision? Wie wichtig war es mir, die Arbeit in Indien zu unterstützen? Ging es mir um die Überlebenden von Menschenhandel oder nur um meinen eigenen Erfolg?

Eines stand fest: Das Social-Business-Abenteuer hatte ich gehabt, es war vorerst nicht gut gegangen. Das war eine Tatsache und nicht wegzuwischen. Und ja, es würde mir extrem schwerfallen, damit auch alle weiteren Unternehmenspläne zu beenden, meine Vision loszulassen, aber ich wollte dazu bereit sein, wenn es dran war. Auf keinen Fall wollte ich weitermachen, nur weil ich mir das Scheitern nicht eingestehen konnte.

Auch prüfte ich, ob ich hauptsächlich wegen der Anerkennung als Unternehmerin am Mode-Business festhalten wollte. Ging es mir in erster Linie um Aufmerksamkeit? Ein bisschen davon schmeckte ich ehrlich gesagt schon im Kraftstoffgemisch. An Ansehen oder sogar Glamour lag mir zwar wirklich nada, aber Anerkennung – klar! Es fühlte sich gut an, für eine gute Sache zu kämpfen und dafür auch bekannt zu sein. Natürlich wollte ich, als leistungsorientierter Mensch noch einmal mehr, für so viel Wagnis, Ausdauer und Opferbereitschaft auch ein bisschen bewundert werden. Ganz ohne Anerkennung hätte ich das alles auch nicht durchgehalten.

Ich entschied, dass das legitim war. Ich finde es auch heute noch unnötig, sich im Bestreben, etwas Gutes zu tun, auch noch damit zu quälen, nach reiner Selbstlosigkeit zu suchen – ein Konzept, das in dieser Radikalität sowieso nicht überprüfbar ist. Manche Leute, die wir als sehr uneigennützig erleben, wollen dringend gebraucht werden, damit sie merken, dass sie nicht umsonst auf der Welt sind. Dass der Mensch seinen Gefühlen folgend handelt, ist doch nur natürlich. Jeder wird von irgendetwas angetrieben, jeder hat tiefere Motive und eine Sehnsucht, welcher er folgt. Entscheidend ist, dass wir uns dessen bewusst sind. Auch wenn sich damit schwer Werbung machen lässt, ist es wichtig, dass wir dazu stehen, was wir selbst von unserem „selbstlosen" Handeln für andere haben. Gleichzeitig wollte ich Freude an Anerkennung von meiner eigentlichen Motivation trennen können, denn als Motor für mein Unternehmen wäre es mir zu wenig gewesen.

Ich merkte, dass mich die selbstkritischen Fragen zwar erdeten, aber nicht allein zu einer Entscheidung führen würden. Stattdessen wollte ich noch einmal nach Indien. Ich wollte spüren, ob die Arbeit dort immer noch das gleiche Feuer in mir entzündete (mein letzter Besuch lag schon außergewöhnlich lange eineinhalb Jahre zurück). Ich wollte vor Ort in den Spiegel sehen und wirklich wissen, wie sehr es mir um diese Frauen ging.

Dieser Entschluss traf sich gut damit, dass jemand aus unserem Freundeskreis Interesse anmeldete, im Fall eines Neustarts den Modebereich zu übernehmen. Kathrin war Textilingenieurin und arbeitete als Produktentwicklerin bei einer bekannten Modemarke im gehobenen Segment, sie kannte die Abläufe in der Branche aus dem Effeff. Nebenher hatte sie sich schon länger ehrenamtlich in unserem Verein engagiert, den wir ebenfalls mit in die neue Ära hinüberretten wollten. Sie sollte mich gleich nach Mumbai begleiten und ebenfalls prüfen, ob der Funke so übersprang, dass sie bereit wäre, ihren aktuellen Job für ein riskantes „Restart-up" an den Nagel zu hängen. Also setzten wir uns gemeinsam ins Flugzeug.

Wir blieben eine gute Woche. Als ich zurückkam, war ich wie aufgetankt, mein System war rebootet. Es war so schön, mit meinen „didis" dort zu sitzen, die neuen Teilnehmerinnen zu sehen, etwas von ihren Geschichten zu hören oder zu spüren, wie verletzlich sie waren, doch bei Chaiim Raum für ihre unantastbare Würde bekamen. Ebenso überzeugte mich, wie Kathrin bei unseren Partnern ankam und von der Arbeit bewegt wurde. Da waren keine Zweifel mehr.

„Auf keinen Fall kriechst du jetzt an Land und legst dich in die Sonne", motivierte ich mich. Wenn es irgendeine Möglichkeit gab weiterzumachen, wollte ich es anpacken, ein neues Label gründen und weiterhin in die Partnerschaft mit Keith und Ramona investieren. Für die Frauen und ihre Geschichten, die über unsere Mode weiterhin den Weg in die Herzen anderer Menschen finden sollten.

Diese Erfahrung war mir eine wichtige Lektion. Immer wieder versuche ich seitdem zu fokussieren: Worum geht es mir aktuell? Wofür schlägt mein Herz noch? Ist das Unternehmen noch gesund? Ist es gut, wenn es weitergeht?

Zusätzliche Entschlossenheit schöpfte ich aus der Tatsache, dass andere mir bekannte Start-ups und Modelabels ähnliche Krisen gemeistert, Trennungen hingenommen, notwendige Veränderungen vorgenommen und wieder Erfolge gefeiert hatten.

Und natürlich blieb ich mit all diesen Gedanken nicht allein. Ich ging mit Keith und Ramona die Perspektiven durch und wir sprachen uns gegenseitig Mut zu. Auch Simon und ich redeten viel miteinander, überlegten, wie sich dieser Schritt auf uns als Familie auswirken und wer von uns in einem neuen Projekt wohl welche Rolle spielen würde.

Vor drei Jahren war eine Vision durch unsere Köpfe geflogen, hin und her, ein bisschen durchgeknallt und doch zielstrebig, hatte uns Lust darauf gemacht, etwas zu bewegen. Ich hatte kurz befürchtet, dieser Vogel könnte mit Glimpse gestorben sein. Aber ich denke, wir hatten ihn nur freigelassen. Ich hatte noch immer einen Vogel – und er wartete auf ein neues Zuhause.

KAPITEL 21

Empower your dressmaker

Der Kalender zeigte Januar 2017. Das Ende von Glimpse war besiegelt und ich hatte entschieden, die nächste Welle anzupaddeln. Und zwar hauptberuflich! Dafür musste ich meinen Job bei der LFK kündigen, so schwer es mir fiel, denn ich genoss die Teamarbeit dort und würde dafür einen Ersatz brauchen. Doch mein berufliches Zuhause lag woanders und ich wollte mich mit voller Kraft dem Nestbau für meinen Vogel widmen. Dabei konnte ich auch auf Simon zählen. Er wollte sich zwar bald komplett auf seine Selbstständigkeit als Szenograf konzentrieren und dafür ein kleines Kollektiv gründen, mir aber vorher noch helfen, das neue Label an den Start zu bringen. Wie er selbst zugab, fiel es ihm aber auch einfach schwer, irgendwo *nicht* dabei zu sein – was sehr zu meinem Vorteil war.

Vor uns allerdings klaffte die große Ungewissheit. Nicht nur für mich, sondern auch für Chaiim. Wir waren ja als Exklusivpartner ihre einzigen regelmäßigen Auftraggeber und es war noch keine weitere Kollektion vorbereitet. Wenn ich nicht binnen zweier Monate die nächsten Produktionsaufträge platzierte, würde die Werkstatt sehr schnell dichtmachen oder sich nach Alternativen umschauen müssen. Die Zeit rannte.

Simon und ich entschieden, schnell eine GmbH zu gründen und bei einem neuen Stoffhändler, den ich in Indien ausfindig gemacht hatte, eine große Menge an Jersey-Stoffen zu bestellen. Eine Freundin von Kathrin machte uns ad hoc ein paar Schnittvorlagen für simple T-Shirts – und so konnten wir nach wenigen Wochen einen Auftrag für eine Wagenladung Oberteile nach Mumbai schicken. Wir hatten zu diesem Zeitpunkt noch keine Ahnung, ob das neue Label Wirklichkeit werden würde, denn dafür mussten wir uns noch mit den Investoren einig werden. Doch im schlimmsten Fall hätten wir eben ein paar tausend Shirts aus Bio-Baumwolle auf Lager und die wurde man immer irgendwie los, ob als Merchandise-Artikel für befreundete Musiker und Bands oder... ach, wir hatten schon viel größere Probleme gelöst. Hauptsache, Chaiim und die Frauen saßen erst einmal nicht auf dem Trockenen.

Wir stürzten uns in die Verhandlungen mit dem Ehepaar, das uns noch zu Glimpse-Zeiten kontaktiert hatte. Früher hätte ich geglaubt, solche Leute kämen nur in englischen Romanen und amerikanischen Drehbüchern vor. Sie waren echte Philanthropen: extrem sozial eingestellt, idealistisch, mit einem großen ökologischen Bewusstsein und sie wollten ihr lang verdientes Geld in Projekte wie unseres investieren, um – wie auch wir – die Welt etwas besser zu machen.

Sie kamen genau zur rechten Zeit und auch wenn es einige Monate dauerte, alles in trockene Tücher zu wickeln, waren sie – unter gewissen Auflagen und Erwartungen, wie sie typisch sind in solchen Fällen – bereit, uns mit Startkapital zu unterstützen. Ende Mai unterschrieben wir den Vertrag und bekamen die erste Auszahlung. Punktlandung. Genau zu diesem Zeitpunkt hätten wir Indien sonst aufkündigen müssen, denn unsere Gründungsreserven waren erschöpft.

Wir brauchten jedoch eine etwas breitere Investorenbasis, um solide planen zu können. Nur wo trieb man sie auf, die Gönnerschaft, als neues-und-doch-nicht-neues Label? Ich hatte nur eine Idee: meine Eltern zu fragen, ob sie sich vorstellen könnten, in das neue Projekt einzusteigen. Was vor drei Jahren ein schlechter Witz gewesen wäre, ein sehr schlechter, erschien mir jetzt tatsächlich die nächstliegende Lösung. Mein Vater verdiente genug mit der Kanzlei und meine Eltern wollten, das konnte ich an ihren Spenden an die Chaiim Foundation sehen, das Projekt grundsätzlich weiterleben sehen. Außerdem wäre es für die anderen Investoren ein beruhigendes Zeichen, wenn noch jemand aus der Familie mit drin hing.

Fragen konnte nicht schaden, trotzdem fiel mir der Kniefall sehr schwer und ich war ungeheuer aufgeregt, als ich mich mit meinem Vater zusammensetzte und ihm die Situation erklärte. Er war erstaunlich offen, wir tauschten uns entspannt und doch wie Geschäftspartner auf Augenhöhe über die Konditionen aus, wobei er deutlich machte, dass sich diese Sache in erster Linie nicht für ihn lohnen sollte, sondern für mich. Es ging ihm um volle Unterstützung für meinen Traum in zweiter Auflage. Am Ende des Gesprächs sagte er „Ja". Durch seine Lockerheit war auch ich lockerer geworden und konnte nicht anders, als gerührt zu sein von diesem Moment. Von unseren erbitterten Kämpfen in der Vergangenheit war nichts mehr zu spüren.

Jetzt erst konnten wir etwas aufatmen. Die Startfinanzierung, um ein richtiges Unternehmen aufzustellen, war gesichert. Ich wollte ja nicht einfach ein neues flottes Surfbrett, ich wollte einen seetauglichen Dampfer, ein Schiff, an dem die Wellen brachen und nicht umgekehrt (und Wellen würden kommen). Bis hierher war ich im Herzen Modeunternehmerin gewesen, auch wenn keine Kohle dabei reingekommen war. Jetzt wollte ich sehen, ob ‚Social Business' nicht auch professionell und wirtschaftlich funktionieren konnte. Es durfte nicht nur meine Leidenschaft erfüllen, sondern musste auch für die Brötchen sorgen – für mich und alle Mitarbeiter. Schluss mit halbseidenem Idealismus: Zu Fair Trade gehörten auch faire Löhne bei uns, diese Botschaft war mir sehr wichtig geworden.

Die Kapitänsbrücke des neuen Unternehmens besetzte ich zum ersten Mal als Geschäftsführerin allein und mir gefiel diese neue Herausforderung. Ich wollte auf meine eigene Intuition hören und auch dazu stehen, dass ich am liebsten selbst die Reiseroute festlegte. Gleichzeitig konnte ich es kaum erwarten, eine starke Mannschaft um mich zu sammeln. Ich fragte Kathrin, zu welchem Schluss sie nach unserer Indienreise gelangt sei. In meinen Augen war sie genau die Richtige, wir hatten auch niemand anderen an der Hand, der sich so sehr angeboten hätte, und entsprechend dankbar und glücklich war ich, als sie zusagte.

Als nächstes ergänzte ich ein weiteres Puzzleteil, das wir bei Glimpse schlichtweg übersehen hatten, und fragte einen Freund aus der Betriebswirtschaft, ob er nicht Lust hätte, mich auf der Brücke zu unterstützen. Dietmar half mir als Büroleiter, das Steuer zu halten und Organisation, Händlerbetreuung und Finanzen zu überblicken – bis er eineinhalb Jahre später von seinem Bruder Uli abgelöst wurde.

Über Julia, die engagierte Schatzmeisterin unseres Vereins, bekamen wir eine Empfehlung für Edi, der an Simons Stelle den Kommunikationsbereich im Unternehmen übernahm. Er zog den Onlineshop hoch, feuerte die Social-Media-Kanäle an und gestaltete Vertriebsmaterialien.

Ich war beruhigt, dass etwas von den Fügungen, die Glimpse anfangs so sehr ausgemacht hatten, mich auch jetzt begleitete: Ob Menschen, Geld oder Know-how – es klopfte plötzlich an die Tür, wenn ich es dringend brauchte. Kathrin, Dide und Edi waren drei tolle Leute und dass sie sich alle gerade jetzt auf ein neues Abenteuer in ihrem eigenen Leben einlassen wollten, war alles andere als selbstverständlich. Unsere Wege hatten sich auch für sie genau zum richtigen Zeitpunkt gekreuzt, und das obwohl ich nicht jedem ein Gehalt wie in der freien Wirtschaft anbieten konnte. Denn auch wenn ich mich um faire Löhne bemühte, mussten wir mit unserem Startkapital sparsam umgehen.

Das hieß aber nicht, dass ich noch einmal auf Büro- und Lagerfläche verzichten würde. Auf keinen Fall wieder mit Kompromissen starten, aus denen es später schwer würde, sich herauszubequemen! Das bedeutete zwar eine anstrengende Suche im dreist-teuren Stuttgart, doch schließlich fanden wir Räume für unseren Stapellauf in wunderbarer Lage im Stuttgarter Osten.

Natürlich brauchte unser Dampfer wieder einen Namen. An einem Abend inmitten der spontan hektischen Neugründung setzten Simon und ich uns zusammen, ließen unseren Vogel wieder fliegen und uns von dem inspirieren, was bereits Fakt war: Noch immer hatten wir eine Mission. Unsere Mode leistete – über Umwege – humanitäre

Hilfe, englisch: *humanitarian aid*. Nach wie vor wollten wir Menschen dazu befähigen, auf einfache und lässige Weise, anderen Menschen in schwierigen Situationen Hilfe zu leisten. Warum also nicht genau diese Hilfe ins Zentrum rücken? Also *aid*… nun ja, etwas platt, aber ein Anfang. Dann vielleicht, der Lautschrift folgend, „eyd"? Hübsch. Besser. Stylisher. Aber auch kryptischer.

„Unnnd", holte Simon nachdenklich aus, „wie wäre es dann gleich in eckigen Klammern?" Eine Aufforderung, um die Ecken zu denken, Dinge an- und auszusprechen und dadurch etwas Neues zu schaffen. Das gefiel mir. Ich sprach das Kürzel vor mich hin, die Buchstaben wurden lebendig und plötzlich sah ich Worte vor mir: Im E entdeckte ich *Empowerment*. D stand für unsere *Dressmaker*. Y öffnete die Marke hin zu einem *You*. Die Worte formten sich zum Satz, und der sprach mir direkt aus dem Herzen: *Empower your dressmaker*. „Stärke und ermutige die, die deine Kleidung machen." Perfekt! Das war unser Manifest in Kurzform. Treffender hätte ich es mir in tausend Stunden Visionsanalyse nicht zusammenhirnen können. Also kurze Internetrecherche. Markenregister. Schiffstaufe die Zweite. Pronto.

[eyd] konnte vom Stapel laufen.

KAPITEL 22

Stolz statt Vorurteil

Bis Oktober hatte ich die Mann-und-Frau-schaft komplett an Bord geholt, pünktlich zur Eröffnung des neuen Online-Stores. Doch das gemeinsame Abenteuer begann schon im Sommer, weil klar war, dass es, wenn wir überhaupt etwas von dem Schwung von Glimpse mitnehmen wollten, direkt eine erste [eyd]-Kollektion brauchte, mit der wir signalisieren konnten: Seid nicht enttäuscht, unsere Vision bleibt bestehen. Neuland in Sicht!

Bis zur Zusage der Investoren hatten wir ja noch nicht ernsthaft mit dem Wiedereinstieg ins Modegeschäft planen können. Jetzt brauchte unsere Herbst-/Winter-Kollektion dringend ein paar mehr Teile als die Shirts, die wir im Frühling in Auftrag gegeben hatten. Und in vier Monaten musste alles produziert sein. Doch noch ein anderer Termin rollte auf uns zu: Wenn wir wieder zurück in den Rhythmus und auch in einem halben Jahr noch etwas verkaufen wollten, dann mussten wir schon Anfang Juli unsere Sommerkollektion fürs nächste Jahr auf der maßgebenden Händlermesse vorstellen – mittlerweile war das die Ethical Fashion Show in Berlin, ein Nebenschauplatz der Berlin Fashion Week und Vorgänger der heutigen Messe ‚Neonyt‘. Das bedeutete, dass wir von der Unterzeichnung des Investorenvertrages an gerade einmal einen guten Monat Zeit hatten: einen Monat, um eine Kollektion aufzumöbeln und eine weitere aus dem absoluten Nichts hochzuziehen, Musterteile zu nähen, ein Fotoshooting zu machen, Materialien für die Messe drucken zu lassen. Alles klar?

Wir standen noch ohne Büroräume da, denn die bezogen wir erst im August. Doch zu improvisieren hatte ich ja gelernt. Ich packte unser Auto mit allem voll, was wir brauchten, überfiel mein Elternhaus und okkupierte den Hobbyraum im Keller für ein temporäres Pop-up-Atelier. Kathrin und ich trieben alle Nähmaschinen auf, an die wir herankamen, ich trommelte Freundinnen und ehemalige Volontärinnen zusammen, fragte alle, die gerade Zeit hatten und etwas vom Nähen oder Schneidern verstanden. Zufällig meldete sich auch noch eine Studentin, die just für diese zwei Wochen einen Praktikumsplatz suchte… „Aber ja, natürlich kannst du bei uns mitmachen! Herzlich willkommen bei zwei Wochen Wahnsinn."

Wäre ein Unwissender damals in die Kellerräume gestolpert (keine gute Idee), er hätte wahrscheinlich gedacht, er sei im feministischen Untergrund gelandet und wir gerade dabei, eine Enthüllungsaktion oder Ähnliches zu planen. Rauchende Köpfe, surrende Maschinen, Anproben, Ausproben, Stoffe auf dem Boden und Schnittmuster und Bilder und Zettel und Mode überall. Ein emsiges Bienen- (oder doch vielleicht Hornissen-)Nest, alle hart am Durchdrehen, aber alle lieb zueinander.

Bislang waren die Kollektionen ja immer in München entstanden und ich hatte oft nur anhand von Fotos meine Meinung beigemischt. Nach drei Jahren Modebusiness war ich nun erstmals hautnah in den Entstehungsprozess einer Kollektion meines Unternehmens einbezogen. Das beflügelte mich. Für die Mahlzeiten quetschten wir uns um den Esstisch meiner Eltern, auf den meine Mutter nicht nur einmal einen großen Topf Pasta beisteuerte. Erinnerungen an die Vorbereitungen unserer ersten Glimpse-Releasefeier wurden wach. Wir waren zurück bei den Anfängen.

Die Winterkollektion bestand aus so vielen Basics wie möglich, schließlich mussten wir die kurze Herstellungszeit mit bedenken, die Chaiim in Mumbai blieb. Zu Shirts und Longsleeves gesellten sich noch ein Hoodie, ein Rock und ein Damenpulli, den wir zusätzlich zu einem Kleid verlängerten. Schnickschnack, der uns in den Sinn kam, wurde radikal wieder weggekürzt. Doch obwohl absolute Reduktion in der Stoffauswahl und bei den Schnitten angesagt war, entstanden Teile, die noch Jahre später zu unseren Bestellern gehörten. Es entstand das Fundament, auf dem [eyd] wachsen konnte.

Zusammen mit der weit größeren Sommerkollektion entwickelten wir insgesamt rund dreißig Teile, zeichneten Kollektionsskizzen, erstellten Moodboards, die unsere Ideen mit Stimmungsbildern illustrierten, konstruierten Schnitte, nähten und nähten und drehten eine Runde nach der anderen – bis alles passte. Wechselweise schlüpfte jede von der Bande in die Prototypen, an meinem Vater probierten und optimierten wir die Herrensachen, schließlich war er der einzige Mann im Haus. Und so rockten wir in 14 Tagen zwei Kollektionen durch. Es war irre, aber es groovte auch – Feel-Good-Horror mit Female-Power-Note sozusagen. Dann setzten wir ein spontanes Shooting mit unserem Stammfotografen Mathis an, druckten Flyer und einen kleinen Katalog, Simon schnitt einen Imagefilm zusammen... und mit dunklen Augenringen und leichtem Grinsen konnten wir unsere Sommerkollektion in Berlin präsentieren.

Dass meine Eltern bei unserem stürmischen Neustart so dabei waren, war in dieser Intensität auch eine neue Erfahrung. Und eine Leistung, von der ich mich fragte, wann und wie wir sie eigentlich vollbracht hatten. Zu lange hatte ich früher nur mit Gegenwind oder höchstens stiller Duldung rechnen können. Jetzt hatten sie mir als Investoren die Neugründung überhaupt erst ermöglicht und standen plötzlich als Teamköchin und Fitting Model an meiner Seite.

Es hat ein paar Jahre gebraucht, aber ich kann heute ihre Sorgen um ihre Tochter verstehen, noch einmal mehr seit ich selbst Mutter bin. Ich sehe, dass sie es bei allem, was sie taten, grundsätzlich gut gemeint hatten. Sie wollten, dass ich glücklich bin. Nur hatten sie sich lange nicht vorstellen können, dass mir das mit meinen eigenen Vorhaben – von Kunst über Psychologie bis zu diesem verrückten Modeprojekt – gelingen könnte.

Als der SWR eine Dokumentation über [eyd] drehte und mich zusammen mit meinem Vater in seiner Kanzlei interviewte, trat er vor die Kamera und gab überraschend unverhohlen zu, er habe mir nach dem Studium ganz bewusst den Geldhahn zugedreht, weil er wirklich dachte, mir sei eine Sicherung durchgebrannt. Sie hatten mich davor bewahren wollen, mich in eine Sache zu verrennen, die – mit ihren Augen und aus ihrer Prägung heraus betrachtet – nicht einmal in Ansätzen funktionieren konnte. Zugegeben, die vielen Spannungsbögen hatten es besorgten Eltern ja auch nicht unbedingt einfach gemacht, an ein Happy End für das Projekt zu glauben.

Wir sind mit der Zeit offener geworden, über diese Dinge zu reden, und können nun versöhnt auf unsere Geschichte schauen und gemeinsam den Kopf schütteln: über manches, was sie gesagt und getan haben, aber auch über manche meiner eigenen Entscheidungen und naiven Schritte ins Unternehmertum.

Besonders im Verhältnis zu meinem Vater hatte vieles heilen müssen und wir stehen uns heute komplett verändert gegenüber. Nachdem er meinen TEDx-Talk angeschaut hatte, in dem ich zum ersten Mal meine persönliche Geschichte hinter dem Modeprojekt erzählte, gestand er mir, ihm hätten mehrfach die Tränen in den Augen gestanden. Anstelle seiner Vorurteile war Stolz getreten.

Social Entrepreneurship – das etwas andere Business

Von Anfang an war für mich klar, dass es bei meinem Modeprojekt nicht um lineares Wachstum gehen würde, sondern um die Frauen in Indien. Gleichzeitig wollte ich nicht spendenbasiert arbeiten. Das Prinzip hinter so einer Organisationsstruktur nennt man Social Entrepreneurship („Sozialunternehmertum"). Hätte ich damals noch nicht gewusst. Heute weiß ich mehr. Aber was bedeutet das denn genau?

Ein Social Entrepreneur ist ein Unternehmer oder eine Unternehmerin mit einer sozialen Mission. Das heißt, dass sowohl der Grund als auch das oberste Ziel des Unternehmens nicht der finanzielle Gewinn ist, sondern das Erfüllen einer bestimmten gesellschaftlichen oder ökologischen Aufgabe. Davon gibt es auf unserer Welt mehr als genug: extreme Armut, Mangelernährung, Sklaverei, fehlender Zugang zu sauberem Trinkwasser, Menschen auf der Flucht, Bildungsungleichheit …

Öffentliche Institutionen stoßen bei der Bewältigung dieser vielen Aufgaben jedoch oft an ihre Grenzen, da politische Interessen und träge Prozesse kleine, kreative und innovative Initiativen lähmen. Auch die Ansätze von spendenbasierten NGOs helfen nicht immer weiter, da schnell neue Abhängigkeiten entstehen. Oder etwas radikaler, mit den Worten von Muhammad Yunus, einem der Mitbegründer des modernen Mikrokreditsystems: „Wohltätigkeit ist keine Lösung für die Armut. Wohltätigkeitsorganisationen verfestigen Armut nur, indem sie den Armen die Initiative entziehen".[23]

Social Entrepreneurship setzt nicht am Mangel an, sondern an den Ressourcen der Benachteiligten, egal wie gering sie sein mögen. Sie bekommen die Chance, sich selbst etwas aufzubauen. Das Problem: Aus Investorenperspektive ist es eigentlich ziemlich unvernünftig, benachteiligten Menschen eine so zentrale Rolle in einem Business-Konzept zu geben. Entgegen aller Vernunft vergibt Yunus' Grameen Bank Kredite an arme Frauen. Und [eyd] lässt Kollektionen von schwer traumatisierten Frauen nähen und muss alle Prozesse entsprechend an ihre Belastbarkeit anpassen.

Wir drehen also das Verhältnis von Hersteller, Produkt und Konsument auf den Kopf. Denn normalerweise fragt sich ein Modelabel, was die Kunden in Deutschland wollen, um dann die passenden Sachen – irgendwo auf der Welt – produzieren zu lassen. Wir und unsere Partner denken aus der anderen Richtung: Was brauchen die Frauen in Indien (oder anderen Ländern), um in die Gesellschaft hineinzuwachsen? Was für einen Arbeitsalltag benötigen sie dafür? Und wie müssen dementsprechend die Produkte aussehen? Man könnte auch sagen: Die Näherin ist bei uns der eigentliche Kunde und der Käufer die Ressource.

Back to Start-up

Der Start mit [eyd] war ruppig, der Take-off – so nennt man beim Surfen den Moment des Aufstehens – ein echter Kraftakt. Mit einem komplett neuen Team und unter enormem Zeitdruck hatte ich ein marktfähiges Unternehmen aufbauen und damit die zweite Welle anpaddeln müssen. Währenddessen spürte ich in meinem Umfeld eine tiefe Verunsicherung, vor allem bei jenen, die sich in unserem Verein Made for Humanity engagierten oder sonst an unserem Bestehen interessiert waren, ob als Freunde oder Mitträger. Was passiert hier gerade? Wird es wirklich weitergehen? Wird [eyd] Erfolg haben?

Ein Jahr hatten wir im Schwebezustand zwischen zwei Marken verbracht und ich hoffte, dass sich 2018 alles einpendeln würde, der Neuanfang überall kommuniziert und angekommen wäre und wir da weitermachen konnten, wo wir aufgehört hatten. Erfolgskurs mit kurzer Verzögerung, „Gehe weiter über LOS" oder so ähnlich. Denkste! Als wir nach zwei Kollektionen Bilanz zogen, war deutlich abzulesen, dass wir nach dem Markenwechsel noch weiter unten angefangen hatten, als ich mir in der Anfangszeit ausmalen konnte.

Sehr viel von dem, was wir hierzulande aufgebaut hatten, war weg, nicht nur der gut gefüllte Onlineshop, sondern auch der Kundenstamm, die Auszeichnungen, die wir gewonnen hatten, ein guter Teil der Publicity und vor allem unsere Follower in den sozialen Medien, von denen uns nur etwa ein Siebtel auf die neuen Kanäle gefolgt war. Wir mussten zurück auf Start – aber ohne den Bonus, als Start-up auftreten zu können.

Das machte sich auch im Umgang mit unseren Händlern bemerkbar, von deren Bestellungen wir abhängig waren. Schon der erste Auftritt auf der Messe im Sommer 2017 war ziemlich ernüchternd gewesen. Die Einkäufer kannten Glimpse und der Shop war ja noch immer online, doch jetzt stand ich allein vor ihnen, nur noch eines der drei bekannten Gesichter, und erklärte ihnen, dass es „uns" nicht mehr gab. The End. – Aber hey, ich habe hier ein neues Label. Nein, kein Re-Branding, aber dafür ein deutlich minimalistischeres Modebild. – Wie, das könnt ihr nicht einordnen?!

Natürlich waren viele irritiert und sprangen ab, vor allem diejenigen, welche sich auf weitere Kollektionen im gewohnten Stil gefreut hatten. [eyd] war neu, also sollten wir uns auch neu beweisen. Trotz allem konnte ich meine Entscheidungen bis hierhin nicht bereuen. Lieber bewies ich mich jetzt noch einmal nach außen, als innen weiter zu kränkeln. Und hätte ich den Neubeginn überhaupt gewagt, wenn ich gewusst hätte, *wie* hart es werden würde?

Ja, wir hatten den Take-off nicht gerade ge*rippt* (um im Surferjargon zu bleiben), aber es war auch kein Fehlstart gewesen. In kürzester Zeit hatten wir die Arbeit in Indien gesichert, eine neue Marke mit einem neuen Stil erschaffen, schöne neue Schnitte entwickelt und einen gut funktionierenden Onlineshop hochgezogen.

Außerdem waren die Verkäufe nicht meine einzige Messlatte dafür, ob wir erfolgreich waren. Vor allem mit unserer neuen Bürozentrale war für mich nämlich ein lang gehegter Traum in Erfüllung gegangen, der mich durch diese kritische Zeit trug. Vom ersten Moment an liebte ich es, von unserer Wohnung im Stuttgarter Westen in unsere Räume drüben im Osten zu pendeln, die wir aufgrund der Adresse einfach „die Gaisburg" nannten. Hier, in der Burg, zogen alle an einem Strang, wir hatten Platz für ein Lager, das wir selbst organisierten, es gab ein Nähatelier mit ausreichend Platz für Kathrin. Die Mode war um uns herum und wir drehten uns um die Mode, so wie es gedacht war.

Etwas gediegene Bilderbuch-Start-up-Kultur konnten wir dabei auch endlich nachholen: gemeinsame Mittagessen an einer großen Tafel, immer offene Türen und viele Besucher, die in der Mittagspause vorbeikamen oder sich einfach für einen „Home Office"-Tag mit zu uns reinhockten. Auch Kunden, die ihre Klamotten persönlich abholen wollten, konnten von Anfang an jederzeit hereinschneien. Und wenn eine neue Lieferung aus Indien vor der Tür stand, kamen viele Freunde und packten mit an, um die Sachen einzulagern.

Ich spürte, dass es genau das war, wo ich hinwollte. Ich musste nicht mehr Stunden, Tage, Wochen allein zu Hause vor Excel-Tabellen und E-Mails sitzen. Endlich fühlte sich mein Arbeitsalltag nach einer größeren Vision an – und nicht nur die immer leicht manischen Event- und Shooting-Phasen. Auch Simon war seinem Traum weiter auf der Spur, hatte mit einem Partner ein Kollektiv für Szenografie und Mediengestaltung gegründet und zusammen waren sie mit zu uns in die Gaisburg gezogen. Die Familie war vereint, was uns auch als Paar extrem guttat.

Bis heute erlebe ich es als Geschenk, wie Job und menschliche Beziehungen bei mir ineinanderfließen. Wenn ich ins Büro gehe, treffe ich Freunde. Andere finden eine solche Überlappung nicht gerade erstrebenswert, wollen Beruf und Privates lieber trennen – was sich bei manchen Berufen auch mehr anbietet. Doch ich habe diese Nähe immer genossen. Ich muss mich nicht bemühen, zwei Welten voneinander zu trennen und Themen, Beziehungen, Probleme und Erfolge aus der einen immer sauber aus der anderen herauszuhalten. Zudem hatte ich nie die Zeit, um viele Freundschaften außerhalb meines Unternehmens zu pflegen, weswegen ich wohl heute ganz schön einsam wäre, wäre das Label nicht immer auch ein Projekt unter Freunden gewesen.

Das war umso wichtiger, weil es draußen vor der Tür nicht nur Freunde gab. Ich musste mich bald daran gewöhnen, dass uns nicht die ganze Welt wohlgesonnen ist, nur weil wir es mit ein paar Frauen am anderen Ende der Welt gut meinen. Da sind natürlich die eher amüsanten Zwischenfälle wie die hundeliebende Anruferin damals bei unserem ersten Radiointerview. Erschreckenderweise gab es aber auch solche, die geradezu aktiv Zeit investierten, um es einem schwer zu machen.

Das mussten wir erleben, als wir einem unserer Oberteile einen zufällig ausgesuchten indischen Frauennamen gaben – ganz unseren Leitlinien folgend. Wie aus allen Wolken fielen wir dann, als uns unvermittelt die Abmahnung einer Fast-Fashion-Vertretung ins Haus flatterte und uns im entsprechenden juristischen Jargon dazu aufforderte, die Verwendung dieses Namens zu unterlassen. Außerdem sollten wir eine „Aufwandsentschädigung" für die Anwaltskosten zahlen, orientiert an 50.000 Euro Streitwert. Fünfzigtausend! Der Grund: Unsere Bezeichnung war bereits als Name einer Bekleidungsmarke eingetragen. Zwar konnten wir diese nirgendwo im Verkehr entdecken und nicht nachvollziehen, dass jemand einen Schaden von unserem Fauxpas hatte, aber findige Anwälte konnten trotzdem Geld daraus machen. Wirklich großes Tennis!

Natürlich war der Streitwert maßlos überzogen; es schien ein abgekartetes Spiel zu sein und das Internet ist voll von ähnlichen Klagen. Wir schafften es, die Sache zum Vergleich kommen zu lassen, und drückten die „Strafe" auf lediglich, wenn auch immer noch schmerzende 1.500 Euro, dazu kamen natürlich einiges an Arbeit und ein paar unnötig sorgenvolle Wochen.

Das limonadige Leben und Arbeiten in der Gaisburg half uns allerdings über dieses und manches andere kleine Tief des ersten Jahres hinweg. Wir übten uns gegenseitig im Schulterklopfen – und bald stellten sich auch größere Verkaufserfolge ein. Einige Händler waren uns doch treu geblieben, ja gerade jene, die wir mit unserem ersten Label in unserem improvisierten Wohnzimmer-Showroom empfangen hatten, konnten wir auch für [eyd] begeistern. Der persönliche Kontakt hatte sich bewährt. Unsere vielen Basic-T-Shirts wiederum wurden wir zu großen Stückzahlen an Unternehmen los, die sie als Firmen- oder Eventkleidung nutzten – was uns auch darum freute, weil wir dadurch in ein paar Firmensitzen den Fair-Trade-Gedanken landen und Werbung für unser Anliegen machen konnten.

Nach einiger Zeit spürte ich endlich auch wieder Aufwind in unserer öffentlichen Wahrnehmung. Es liefen Interview- und Podcastanfragen und Einladungen zu größeren Veranstaltungen ein, auf denen wir über faire Mode und Menschenrechte, aber auch darüber sprechen sollten, wie junge Leute ihren Berufsweg finden oder mit Start-ups etwas bewegen können.

Überraschend meldete sich auch die Stadt Stuttgart bei uns, genauer die Abteilung Auswärtige Beziehungen: „Wir feiern dieses Jahr fünfzig Jahre Städtepartnerschaft mit Mumbai und würden Sie gern mit dazuholen... Sie wissen ja sicher, dass Mumbai unsere Partnerstadt ist ..." Ja, sicher – nein, wir hatten keine Ahnung gehabt! Was für ein eleganter und grandioser Zufall. Und wir mittendrin.

Stuttgart beauftragte uns mit der Produktion einiger Merchandiseartikel, Taschen, bedruckte Mäppchen und Tablet-Hüllen, die wir freudig an unsere Partner in Indien weitergaben. Es war einer unserer ersten großen Sonderaufträge und half uns, unsere geplanten Umsatzziele zu erreichen. Wieder einmal blies uns genau zum entscheidenden Zeitpunkt ein unverhoffter Wind in die Segel. Doch damit nicht genug: Eine ganze Stuttgarter Delegation – angeführt vom Oberbürgermeister samt Ehefrau und Abgeordneten aus dem Stadtrat – machte sich auf den Weg nach Mumbai und auf ihrer Tour auch in der Werkstatt der Chaiim Foundation halt. Später schaute sogar noch ein Schüleraustausch zwischen Stuttgart und Mumbai während eines Austauschprogramms bei uns vorbei, in der Gaisburg *und* bei Chaiim. Sie konnten sich ansehen, wie wir über 6.500 Kilometer Entfernung hinweg für eine humanitäre Mission zusammenarbeiteten und wie dabei auch noch faire Mode entstand. Das ließ mein Herz höherschlagen. Natürlich finde ich auch wichtig, dass Teenager sich mit den Bedingungen in der anderen, der konventionellen Textilindustrie, mit der Sklaverei in Bangladescher Fabriken und dem Produktionsirrsinn der Modebranche beschäftigen. Aber ich denke, funktionierende Initiativen aus der Gegenbewegung zu sehen, macht der Generation „Fridays for Future" mehr Hoffnung als nur mit der Unmenschlichkeit des bestehenden Systems und der Ignoranz der darin wirtschaftenden Unternehmen konfrontiert zu werden.

Seit diesen gemeinsamen Aktionen ließen uns die Mitarbeiter der Stadt Stuttgart spüren, dass sie voller Überzeugung hinter unserem Projekt standen, erkundigten sich öfters, wie es uns ging, und hielten auch zu Chaiim Kontakt. Ich konnte kaum glauben, was hier entstand. Eben hatten wir noch bei null oder vielleicht null Komma eins gestanden und uns gefühlt, als würde uns niemand mehr kennen, doch jetzt rückten unsere Anliegen sogar in den Fokus unserer Heimatstadt. Wir konnten Akteure zusammenbringen und die Unterstützung für Opfer von Menschenhandel wurde sogar ein Stück weit zum Selbstläufer. Unsere Mission war wieder auf Kurs. Unser Social Business machte sich um seine Bezeichnung – beide Teile der Bezeichnung – verdient.

„Wir drehen das Verhältnis von Hersteller, Produkt und Konsument auf den Kopf."

KAPITEL 24

Unterricht im Träumen

Die gestiegene Wahrnehmung in der Öffentlichkeit half uns, ab der fünften Kollektion wieder in ruhigere Fahrwasser zu gelangen. Wir hatten viele Händler zurück- oder neue dazugewinnen können. Und in der Gaisburg packten wir mehr und mehr Pakete für unsere Online-Kunden, wobei jeder im Team beim Versand half, Grußkarten schrieb, kleine Geschenke beilegte – auch das war Teil unserer Restart-up-Kultur.

Die Professionalisierung hatte sich gelohnt. Wir hatten uns selbst und für unsere Partner eine solide Basis aufgebaut. Die Sicherheit schuf Platz für neue Kreativität und nicht wenig staunte die Community, als wir es uns plötzlich erlaubten, unsere Basics zu variieren und ein paar richtige It-Pieces in die Kollektionen aufzunehmen. Wir experimentierten mit neuen Stoffen, etwas Cord hier, etwas Lyocell da, setzten selbst kleine Trends innerhalb der Ökofair-Familie, aber ohne dass es die Näherinnen überforderte. Wenig später gewannen wir sogar mit einer Latzhose aus Cordstoff den Vegan Fashion Award von Peta Deutschland. Dieser Designpreis bedeutete den Ritterschlag in der Szene. So konnte es weitergehen!

Während es in Deutschland langsam wieder bergauf ging, war auch in Indien einiges passiert. Zum einen war unsere Suche nach einem Stoffhändler, der wirklich zu uns passte und uns termingerecht mit kleineren Mengen versorgen konnte, endlich zu einem Ergebnis gekommen. Ein befreundetes Label hatte uns – nach einigen Frustrationen – den entscheidenden Tipp gegeben, und so fanden wir im Süden Indiens, in der Nähe von Tiruppur, einer der Hochburgen für Bio-Baumwolle, einen zuverlässigen Produzenten, der sogar viele Sozialprojekte unterstützte.

Damit war ein wichtiger Engpass beseitigt. Ein wahrer Durchbruch allerdings war unser taktischer Wechsel im Modebild: Seit wir den Fokus vom verspielten Design etwas weggelenkt und [eyd] noch einmal mehr an die Bedingungen der Werkstatt in Indien angepasst hatten, war die Zusammenarbeit viel entspannter geworden, für alle. Kathrin entwickelte nun Kollektionen, die man in Mumbai leicht bewerkstelligen konnte. Egal ob es um Pullover, Kleider, Hosen oder Hemden ging: Die Teile hatten zwar noch das eine oder andere hübsche Detail, doch in den ersten Jahren sollte [eyd] für unkomplizierte Basics mit einer coolen Note stehen. Unsere Hauptzielgruppe waren 25- bis 35-Jährige, doch durch die puristischen und komfortablen Schnitte gab es eigentlich keine FSK-Begrenzung, weder nach unten noch nach oben.

Kathrin brachte außerdem ihr ganzes Know-how als Produktentwicklerin und einen neuen Sinn für Qualitätsmanagement ein. Gleichzeitig hatten wir Keith und Ramona gebeten, auch auf ihrer Seite jemanden zur Qualitätssicherung einzustellen, eine Produktionsleiterin, mit der wir uns direkt abstimmen konnten. Und es funktionierte. Den ganzen Aufwand, den wir früher rund um die Kollektionsbetreuung betrieben hatten, konnten wir minimieren: Wir flogen keine Volontärinnen mehr nach Indien ein, die Frauen bei Chaiim und ihre Betreuerinnen waren glücklich und die Kollektionen liefen zunehmend ohne größere Probleme durch. Durch die neue Schlichtheit war buchstäblich mehr Platz für unser Kernanliegen geworden: die individuelle Reintegration der Überlebenden von Menschenhandel. Ich konnte wieder ruhiger schlafen.

Die Chaiim Foundation hatte sich unserem Neubeginn angeschlossen und machte ebenfalls einen strukturellen Wandel durch. Keith und Ramona lagerten die wachsende Produktion in ein eigenes Social Business (Chaiim Humanitarian Clothing) aus und beschäftigen dort neben den Frauen, die aus Zwangsprostitution befreit und schon etwas länger bei ihnen waren, jetzt auch sogenannte „women at risk". Diese gefährdeten Frauen wurden nicht befreit, sondern kommen aus prekären Verhältnissen, sie sind möglicherweise von Menschenhandel bedroht, können aber durch die Arbeit in der Werkstatt der Armut oder anderen Abhängigkeiten entrinnen. Eine präventive Hilfe also. Gleichzeitig bringen sie selbst eine größere Stabilität mit, können einen normalen Arbeitsalltag bewältigen und bringen dadurch auch eine größere Ruhe in die Produktion. Neuankömmlinge (*beneficiaries*) können in der Foundation ganz ohne jeglichen Produktionsdruck ankommen und ihre Ausbildung beginnen, denn das Therapeutische steht ganz im Vordergrund.

Auch das Netzwerk um Chaiim war gewachsen. Ihre schwäbischen Freunde waren ja manchmal echte Nervensägen gewesen, was das Qualitätsmanagement anging, aber es hatte sich ausgezahlt. Unsere Partner konnten beginnen, weitere Auftraggeber anzuwerben und decken heute einige ihrer Kapazitäten auch durch andere Sozialunternehmen ab, die ihre Mission mittragen wollen. Diese Entwicklung freut mich enorm: Wir sind die Speerspitze einer breiten Unterstützerbasis geworden, die Verantwortung verteilt sich und Chaiim kann sich selbst helfen.

Das ist gesund und gut und ein echtes Empowerment für unsere indischen Partner, denn es bedeutet Unabhängigkeit auch von uns und unserem Erfolg in Deutschland. Vor allem aber stabilisiert es die Reintegrationsarbeit mit den Frauen und sorgt sogar für zunehmende Abwechslung, weil jetzt auch Anfragen für andere textile Artikel hinzukommen. Es wurde einfach immer bunter – im allerbesten Sinne.

Chaiim zog in ein noch größeres Gebäude in ihrer Straße, wo sie zum Zeitpunkt dieses Buchs rund drei Dutzend Frauen versorgen und beschäftigen können. Ihren Tag im Werkstatthaus beginnen die *beneficiaries* üblicherweise mit einem „Thanksgiving", sie sagen Danke für das Leben. Dann beginnt für jede Frau ein ganz individueller Tagesplan. Meist stehen am Morgen Nähunterricht oder andere angeleitete Arbeiten im Vordergrund, nachmittags Unterricht, traumatherapeutische

Gespräche, Lebens- und Berufsberatung, Finanz- und Haushaltsplanung, denn in den seltensten Fällen haben die Frauen gelernt, mit eigenem Geld umzugehen – sie hatten ja nie die Freiheit dazu. Dabei erfahren sie echte Hilfe zur Selbsthilfe, niemand zwängt sie in ein Korsett im Sinne von: „So musst du für die Gesellschaft funktionieren". Ramona gibt ihnen bewusst sehr viel Raum zum Lernen und Ausprobieren und sie werden angeleitet, das zu tun, was sie früher nie durften: eigene Entscheidungen fällen.

Um mehr positive Berührungen mit der Umwelt zu schaffen, organisiert die Chaiim Foundation auch Ausflüge, Museumsbesuche oder Aktionen wie gemeinsame Strandsäuberungen, die den Frauen helfen, ihren Platz in der Gesellschaft und ihren Teil der Verantwortung anzunehmen. Ja, selbst mit Trends wie Urban Gardening (Gemüseanbau in der Stadt) werden sie bekannt gemacht.

Bis heute gefällt mir jedoch ein Punkt auf dem Wochenplan am meisten, den Ramona „Dreaming Session" nennt, „Unterricht im Träumen". Dabei üben sie mit den Frauen, was es heißt, eigene Vorstellungen vom Leben zu entwickeln. Das Programm soll ihnen ja nicht zu einer Existenzgründung als Näherin verhelfen, sondern ihnen die Freiheit geben, ihre eigenen Pläne zu machen, weiterzudenken und irgendwann „flügge" zu werden. Und natürlich wollen nicht alle der *beneficiaries* langfristig im Kleidergeschäft bleiben, auch wenn sie nach ihrer Reintegrationsphase die Möglichkeit haben, sich von Chaiim einstellen zu lassen. Durch eine unternehmerische Brille betrachtet ist das natürlich kontraproduktiv. Wir werden es aufseiten der *beneficiaries* immer mit Anfängerinnen zu tun haben, besser wäre natürlich so wenig Fluktuation wie möglich – wenn wir ehrlich sind, so wenig persönliche Träume wie möglich. Aber wo kommt man dann hin? Unser Konzept ist für Menschen gemacht, nicht für den Profit. Sich fortträumen ist nicht nur erlaubt, sondern erwünscht!

Manche von ihnen brennen geradezu darauf, bald ihre eigenen Träume zu leben. Dabei geht es ihnen nicht um exotische oder luxuriöse Selbstverwirklichungen, sondern um eine einfache Anstellung als Bankkauffrau, Krankenschwester oder Verkäuferin. Sie träumen von einem ganz normalen Leben, einem ganz normalen Job, einer Familie. Ich habe von mehreren Frauen erfahren, die das Programm abgeschlossen und sogar geheiratet haben. Eine Partnerschaft mit einem Mann zu wagen, musste für sie eine extreme Hürde sein und kommt in meinen Augen schon einem Wunder gleich. Eine der Frauen kaufte von ihrem Ersparten sogar ein kleines Häuschen für sich und ihre Familie, was mich besonders bewegte.

Setze ich diese Berichte ins Verhältnis mit meinen eigenen Denkgewohnheiten, lehrt es mich Demut und Dankbarkeit für alles, was ich als normal empfinde, aber weder in Indien noch in ärmeren Teilen unserer eigenen Gesellschaft in Westeuropa zwingend Standard wäre. Während Träumen für mich immer heißen durfte, der Normalität und Sicherheiten zu entfliehen, sehnen sich meine „Schwestern" in Mumbai zuerst einmal nach einem ganz normalen Platz in der Gesellschaft.

Umso mehr freue ich mich, wenn sich ein Mädchen dann doch sicher genug fühlt, um auch ein gewagteres Ziel mit den anderen zu teilen: zum Beispiel Basketballerin oder Tänzerin zu werden. Ja, denke ich, alles ist möglich. Und wie stolz es mich machen würde, wenn die Werkstatt tatsächlich ein Startpunkt für viele solche Biografien werden würde.

KAPITEL 25

Ende der Talentsuche

Während sich die Leben von immer mehr Frauen durch unser sanftes Einwirken verändern, hat sich auch mein eigenes weiter verändert. Ich kann heute meine Vision hauptberuflich verfolgen, was ich als enormes Geschenk erachte. Und auch wenn es mir viel abverlangt, ist das Dasein als Social-Business-Unternehmerin ein Lebensentwurf, in dem ich Erfüllung finde und der mir Spaß macht.

Entbehrungen gehören natürlich dazu. Man sollte nicht Sozialunternehmer werden, wenn man reich werden will oder den Erfolg in erster Linie in hohen Profiten sucht. Dafür gibt es andere Wege. Auf mich haben Überfluss und Luxus allerdings noch nie eine Anziehung ausgeübt. Als Jugendliche stellte ich teure Anschaffungen meiner Familie infrage und im Jurastudium nervten mich meine Kommilitonen, wenn sie von ihren zukünftigen sechsstelligen Einstiegsgehältern träumten. Zugegeben, in meiner Teenagerzeit war ich, was Mode anging, eine kleine Shopping-Queen gewesen, aber mittlerweile bin ich auch in diesem letzten Refugium der Verschwendung zur Minimalistin geworden. Als Simon sich neulich ein schickes Mountainbike kaufte, sagte er, ich solle mir doch zum Ausgleich auch etwas Teures leisten. Super, mein lieber Mann, nur was? Vielleicht ein weiteres Start-up?

Nein, ich mag das Gute und Schöne, aber bin kein Genussmensch, sondern eine Schafferin, wie es die Schwaben sagen. Dadurch ist meine Woche gut durchgetaktet, fast jeden Vormittag verbringe ich im Büro, die Nachmittage mit unseren Töchtern, abends arbeite ich weiter, um das E-Mail-Postfach leer zu bekommen. Dazu kommen viele

Auswärtstermine. Könnte ich mir auch ein weniger anstrengendes Leben vorstellen? Ganz ehrlich? Nicht für mich. Ich brauchte schon immer die Aktivität, und habe ich es vielleicht in Phasen auch einmal übertrieben, mag ich mich doch so. Wichtig war, mir bewusst zu werden, dass alles seine Aufmerksamkeit braucht. Gleichzeitig bekomme ich so viel zurück: von meinen Kindern, meinem Mann, meinen Freunden, meinem Business, den Projekten.

Da mir die Familienkanzlei immer offenstand, dachte ich schon manchmal darüber nach, wenngleich eher spielerisch, wie mein Leben als Anwältin wohl ausgesehen hätte. Doch ich bin mir sicher, hätte ich damals meine Idee aufgegeben, hätte mich die Frage nie losgelassen, was wohl passiert wäre, wenn ich das Fashion-Projekt gewagt hätte. Interessanterweise wurden aber meine Vorstellungen davon, wie genau die Umsetzung meiner Idee aussehen müsste, mehrfach gesprengt, angefangen damit, dass ich selbst nicht erst zur Modemacherin werden musste. Stattdessen durfte ich erfahren, welch talentierte Leute es in diesem Bereich gibt, und bin heute sehr gern abhängig vom Wissen und Können unserer Modespezialisten. Gleichzeitig haben sich in meiner jetzigen Rolle Begabungen ihren Platz gesucht, an die ich als Teenager oder auch Zwanzigjährige, die sich so sehr fragte, was sie eigentlich am besten konnte, nie gedacht hätte.

Ich werde hin und wieder eingeladen, um über das Finden meiner Vision und meines Berufs zu sprechen, und habe mich darum gefragt, welche Entscheidungen dafür wirklich wichtig sind. Ist es vernünftig, unsere Lebenswege und Berufe nach dem auszurichten, was wir irgendwie gut oder bereits besonders gut können – und entsprechend verbissen nach einem Talent zu suchen, das uns auszeichnet? Meine Erfahrung sagt Nein! Was zählt, ist vielmehr das, wofür wir brennen.

Die Fragen, die ich mir als Mädchen oder junge Frau rund um meine Talente stellte, wurden erst beantwortet, als ich aufhörte, sie mir zu stellen. Als ich aufhörte, eine Entscheidung zwischen meinem Können als Juristin einerseits und meinen Interessen und Begabungen hinsichtlich Kunst und Psychologie andererseits treffen zu wollen – und stattdessen begann, den ganz einfachen Dingen zu folgen, die in mir eine Herzenslust hervorriefen. Ich hatte Lust auf Nähen – wen interessierte, ob ich es gut konnte oder eine Begabung dafür hatte? Ich hatte Sehnsucht danach, traumatisierten Frauen zu helfen. Wen interessierte, ob es mein „Talent" war, ein Social Business zu gründen oder ein Modelabel zu führen? Ich war ja nicht einmal ein Gründer-Talent – besonders in den Anfängen gaben wir doch sogar ganz gute Beispiele dafür, wie man ein Start-up eher nicht aufziehen sollte.

Meine eigentlichen Stärken hatte ich selbst während des Studiums noch nicht wahrnehmen können. Obwohl ich in vielem gut war, hatte ich nur Schwächen und Ungenügen gesehen. Doch indem ich dem Weg meines Herzens weiter folgte, wurde ich schließlich auch sicherer darüber, was ich tatsächlich gut kann: große Ideen zu denken, Möglichkeiten zu sehen, Dinge anzupacken, Starterin zu sein, herumzuspringen und große Puzzleteile zusammenzufügen. (Und wofür ich Kompagnons brauche, die mich gut ergänzen: weil sie gut bündeln können, auf die feineren Strukturen schauen und kein Detail übersehen.)

Darum sage ich jungen Leuten heute: Deine Begabungen und Fähigkeiten kannst du an tausend Orten mit Gewinn einsetzen und auch ausbauen – aber dein Herz beginnt nicht an tausend Orten zu schlagen.

Zu diesem Rat gehört aber noch ein anderer, für alle jene, die sehnlich nach der *einen* „Berufung", dem einen Herzensort für ihr Leben suchen. Früher dachte ich, dass man sich einmal entscheiden müsse, welchen Weg man im Leben einschlagen wolle, und davon wäre auch abhängig, ob man seine Berufung fände oder nicht. Sprich, es war von mir, ja von jeder Entscheidung, angefangen beim Studienfach, abhängig, ob mein Leben gelingen würde. Entsprechend groß war meine Angst, mich nicht für „das Richtige" zu entscheiden. Entsprechend groß der Druck, meine Talente zu kennen, denn die waren ja mein einziger Anhaltspunkt für die Entscheidungen gewesen.

Heute weiß ich: Es gibt nicht die *eine* Entscheidung, von der alles abhängt. Und wer an einen Plan Gottes glaubt, darf sich auch entspannen: Ich denke nicht, dass er starre Pläne hat, denen wir folgen müssen wie einem schon vorgefertigten Drehbuch. Der Autor Frederick

Buechner schreibt über Berufung, es sei der Ort, an dem „deine Freude und der tiefe Hunger der Welt sich treffen"[24]. Das ist nur eine von vielen Definitionen, aber, wie ich finde, eine sehr hilfreiche. Ausbildung und Studium, Beruf, Job – das sind einfach Rahmen für Träume, die du dir selbst ausmalen kannst. Buchdeckel, innerhalb derer du deine eigene Geschichte schreiben darfst – im besten Fall zum Wohle aller.

Ich begriff und verinnerlichte das alles erst spät, doch damit fiel mir ein großer Stein vom Herzen. Ich konnte befreit ins Leben starten und ich musste auch nicht alles perfekt beherrschen, was ein Modelabel oder Social Business brauchte. Ich durfte entlang konkreter Erfahrungen und mancher Fehler lernen. Und das Beste war: Erst als ich loslief, traf ich andere Menschen und Ideen, die zu mir passten. Erst dann füllten sich die Lücken, von denen ich allein und in der Theorie noch nicht gewusst hatte, wie ich sie füllen sollte.

Blicke ich heute von oben auf meinen Traum und alle Leute, die mittlerweile dazugehören, so sind wir wie Puzzleteile, die näher und näher zueinander gerückt sind, sich erst um sich selbst und dann passend ineinander gedreht haben. Aber dieses Puzzle gehört nicht mir und nicht ich habe es zusammengesetzt oder die Kontrolle darüber. Auch ich bin selbst nur ein Teil davon, mit allen meinen Stärken und meinen Schwächen.

Vielleicht ist ein Puzzle auch nicht der beste Vergleich, um das zu beschreiben, denn er legt nahe, dass wir nur einen bestimmten Platz in einem vorgedachten Bild einnehmen können. Es ist ein schönes Bild, um mein Erstaunen auszudrücken. Doch ich denke, dass wir noch viel freier sind als Puzzleteile mit ihrer vorbestimmten Form und Anordnung. Viel mehr gefällt mir die Vorstellung, wie sich jeder unserer persönlichen Wege aus Mosaiksteinen zusammensetzt. Wo sich diese bunten Wege kreuzen, entstehen die schönsten Bilder. Und am Ende dürfen wir sehen, wie sich unser eigenes Leben zu einem guten Teil aus den Wegen anderer zusammengesetzt hat.

KAPITEL 26

Gemeinsam Empowerment-Geschichten schreiben

Ich hatte mir Mumbai nie bewusst als Startpunkt für meine Vision ausgesucht. Es hatte sich damals so gefügt und das Konzept zeigte vor allem auch dank unserer starken Partner Erfolg. Die Chaiim Foundation ist in Mumbai zu einem stadtbekannten Vorzeigeprojekt geworden, hat viele Unterstützer und kann dadurch heute oft schon einschreiten, bevor ein Mädchen möglicherweise verkauft wird oder aufgrund unterschiedlichster Zwänge in der Prostitution landet.

Ramona erzählte mir zum Beispiel von dem Problem der vielen sehr armen Gastarbeiterfamilien: Oft brechen diese auseinander, wenn die Männer während eines Wirtschaftstiefs arbeitslos werden und ihre Frauen verlassen, die plötzlich allein für sich und ihre Kinder sorgen müssen. In einem anderen Fall verlor ein verheirateter Mann und Vater von zwei kleinen Kindern seinen Job, kam aber aus Verzweiflung auf den Gedanken, seine Ehefrau zu verkaufen. Ein Freund der Chaiim Foundation bekam glücklicherweise von den Plänen Wind, half der Familie mit etwas Geld aus und brachte sie mit Keith und Ramona in Kontakt, die die Frau in ihr Programm aufnahmen und den Kindern einen Platz in einem Internat verschafften.

Frauen bekommen eine Perspektive. Frauen werden „empowert". In Mumbai funktioniert es schon, und heute sind wir dabei, mit unserem Verein eine ganz ähnliche Arbeit auch in Deutschland aufzubauen: Made for Humanity hat es an den runden Tisch zur Verbesserung der

Situation von Prostituierten in Stuttgart geschafft und ist Teil eines Netzwerkes mit Organisationen, die Frauen bei ihrem Ausstieg aus dem Rotlichtmilieu und beim Aufbau eines sicheren und gesunden Lebens begleiten. Frauen, die wegen ihrer Vergangenheit, wegen gesundheitlicher und seelischer Probleme und wegen Sprachbarrieren auf dem normalen Arbeitsmarkt keine Chance hätten.

[eyd] wurde der erste Auftraggeber des Projekts und wir machten einen mehrwöchigen Testlauf in unserer Gaisburg, wo uns zwei dieser Aussteigerinnen, von einer Sozialarbeiterin begleitet, halbtags bei verschiedenen Aufgaben halfen. Wir alle waren berührt davon, wie sie, zuerst noch sehr schüchtern, immer mehr auftauten, Freude an der Arbeit hatten und wie dankbar sie für diese Chance waren.

Mit diesen Erfahrungen schauten sich unsere Freunde im Verein nach Räumen um, in denen ein kleines Reintegrationsprojekt heranwächst, das den Frauen ein arbeitstherapeutisches Programm und eine erste Anstellung bietet. Hier sollen sie ein geregeltes Arbeitsleben kennenlernen, lernen, Deutsch zu sprechen, mit Vorgesetzten umzugehen (solchen, die sie nicht ausbeuten), ihre Finanzen zu planen, Schritte hinein in die Gesellschaft zu machen... So können wir die Erfahrungen, die Chaiim in Mumbai macht, sogar für Frauen hier in Deutschland einsetzen.

Ja, es geht mir bei all dem um Frauen-Empowerment – besonders für jene, die die Gesellschaft gern vergisst, mit denen sie sich lieber nicht auseinandersetzt. Es fällt mir extrem schwer mit anzusehen, wenn Frauen das Potenzial, das in ihnen steckt, nicht ausleben können, nie ausleben durften. Bin ich damit eine Feministin? Ja, denn Feminismus heißt für mich, Frauen in ihrem Selbstbewusstsein zu stärken. Das ist das Wichtigste. Dazu kommen natürlich die Gleichberechtigung, ergo gleiches Recht für alle, und der Respekt von außen. Doch der Anfang passiert in den Menschen selbst.

Sich selbst schöpferisch erleben zu können, ist *eine* Weise, diesem Selbst wieder zu mehr Wertschätzung zu verhelfen. So hatte ich es selbst beim Nähenlernen erlebt und so erleben es die Frauen bei

Chaiim und in den anderen Werkstätten. Andere Projekte des Frauen-Empowerments nehmen eher den weiblichen Körper in den Fokus oder setzen noch andere Schwerpunkte. Besonders schön aber wird es dort, wo Initiativen mit ihren unterschiedlichen Herangehensweisen zusammenkommen – was mehr und mehr zu unserem Arbeitsfeld zu werden scheint.

Ganz nach dem Prinzip „Lauf einfach los, dann kommt es zu den richtigen Begegnungen" sind wir zum Beispiel auf die Bauchfrauen aufmerksam geworden, ein Unternehmen aus Stuttgart, welches das Selbstbewusstsein von Frauen stärken will, die mit Körperscham kämpfen. Wir haben uns zusammengetan, [eyd] produziert ihre T-Shirts, und die Aufträge helfen uns wiederum, die Arbeit in unseren Partnerwerkstätten weiter zu stabilisieren.

Auch aus einem überraschenden Kontakt mit dem Berliner Bio-Tampon-und-Binden-Hersteller The Female Company hat sich etwas Großartiges entwickelt. Das Unternehmen wollte einen Teil seiner Verkaufserlöse für Frauen in armen Ländern spenden, die es schwer haben, an vernünftige Hygieneprodukte zu kommen. Nur wohin? Wir trafen uns, sie erklärten mir ihre Idee und plötzlich bekam ich eine kleine Erleuchtung: Im ländlichen Indien haben Frauen oft gar keinen Zugang zu Hygieneprodukten – aus Armut und aus Tabugründen. Statt zu Binden und Tampons zu greifen, behelfen sie sich mit irgendwelchen Stofffetzen. Viele können während ihrer Periode nicht am normalen Alltag teilnehmen. Darüber geredet wird nicht. Die Menstruation der Frau ist ein absolutes Tabuthema. Auch mit Ramona hatte ich mich schon darüber ausgetauscht und sie wollte in diesem Bereich gern aktiv werden. Also brachte ich beide Parteien in Kontakt, damit sie ein gemeinsames Projekt starten konnten.

Die Funken zwischen Berlin und Mumbai flogen und entfachten eine starke Kooperation: Von jeder Bindenbox, die das Unternehmen verkauft, spendet es nun den Wert einer Stoffbinde an Chaiim – im Monat mehrere Tausend Euro. Diesen Zuschuss können Ramona und Keith nutzen, um weitere Näherinnen zu beschäftigen, die fortan waschbare Stoffbinden für ihre „Schwestern" in den ländlicheren Gegenden herstellen. Dafür nutzen sie auch Stoffreste aus Bio-Baumwolle, die bei der Produktion von [eyd] abfallen. Über ein Netzwerk verschiedener NGOs werden die Binden in den Dörfern kostenlos verteilt und Frauen in der Anwendung sowie über weibliche Hygiene aufgeklärt. Führt man sich vor Augen, dass manche Mädchen die Schule abbrechen, weil sie während der Periode nicht wissen, was eigentlich mit ihnen passiert und wie sie sich helfen können, dann hat man vielleicht schon eine ausreichende Vorstellung davon, was der Zugang zu hilfreichen und bezahlbaren oder sogar kostenlosen Hygieneartikeln für sie bedeutet.[25]

Wie diese Zusammenarbeit funktionierte, entsprach auch ganz meinem Traum davon, wie wir uns auf dieser Welt gegenseitig helfen können. Es brauchte nicht viel, um die verschiedenen Bedürfnislagen zusammenzuzählen, und schon konnten wir einen Kreislauf in Gang setzten, den man schöner auf kein Flipchart hätte malen können. Jeder wurde zur Lösung für eine Fragestellung eines anderen. Einfach weil wir miteinander redeten – und weil jeder von uns etwas tat, das eine Lücke in der Welt füllte. Wir können als Einzelne aktiv werden, aber was ist noch schöner? Wenn wir gemeinsam Empowerment-Geschichte(n) schreiben können!

Die neuen Erfolge und Projekte von [eyd], unser energiegeladenes Arbeitsleben in der Gaisburg, dazu die Geburt unserer zweiten Tochter Tilly feierten wir als Familie Anfang 2019 mit einer Reise nach Marokko. Hier gab es Sonne, eine für uns ganz neue Kultur und eine Reihe beliebter Surfspots zu entdecken. Nur auf jene Entdeckung am Ende der Reise im Flughafengebäude von Marrakesch waren wir nicht gefasst gewesen.

Es ist ein wirklich besonderer Moment in meinem Leben, als uns plötzlich Andrew und Sarah gegenüberstehen. Vor vielleicht fünf Jahren haben wir das letzte Mal Kontakt gehabt, damals hatte ich noch in einer gemeinsamen Facebook-Gruppe berichtet, dass aus meinen Plänen schließlich der Glimpse geschlüpft war: „Schaut, was aus meiner Vision geworden ist", hatte ich das kommentiert. Natürlich ist es unmöglich, alles, was davor und seitdem passiert war, in einer Viertelstunde auch nur annähernd wiederzugeben. Zwischen eiligen Schlucken von meinem Cappuccino versuche ich es trotzdem.

Da wirft Andrew ein, sie hätten unser Unternehmen über Facebook auch weiterverfolgt. Zwar hätten unsere deutschen Postings immer ein kleines Rätselraten bedeutet, doch es sei sichtbar gewesen, dass die Sache lebte. Besonders die Fotos von den Plakaten der Goldenen Bild der Frau, die wir natürlich online geteilt hatten, waren ihnen im Gedächtnis haften geblieben.

„Bist du jetzt eine Art Promi in Deutschland?", fragte Andrew. Schnell betreibe ich die nötige Aufklärung, fange die Vorstellungen etwas ein, erzähle kurz vom Ende von Glimpse und wo wir mit [eyd] heute stehen. Und schon sind sie vorbei, meine 15 Minuten Zeitreise in Marrakesch-Menara.

Niemals hätte ich vor elf Jahren damit gerechnet, einmal so eine Geschichte erzählen zu können, so viele verrückte Erlebnisse, so wunderbare Begegnungen, so tiefe Krisen und Momente des Wiederaufstehens. Ich erkenne, dass ich selbst zu träumen gelernt habe, und habe erleben dürfen, wie mein Traumbild Wirklichkeit wurde.

Wir machen noch ein Abschiedsfoto, umarmen uns, vereinbaren ein nächstes Zufallswiedersehen in abermals einem guten Jahrzehnt und, ach ja – „by the way, Nathaly, gibt es deine Geschichte denn irgendwo als Ganzes zu lesen? Wir würden das gerne an Teilnehmer unseres Programms weitergeben. Like a book or something…"

„Ein Buch?" – nein, das gibt es nicht. Aber warum eigentlich nicht… Ich packe den Gedanken ein, sage ein letztes Mal Goodbye, dann zupfe ich meine Federn zurecht für den Abflug. Und stimme mich ein auf unseren Alltag in der Heimat.

Denn die Geschichte geht weiter.

KAPITEL 27

Kein Lockdown für mutige Entscheidungen!

Sehr motiviert von den neueren Entwicklungen mit [eyd] starteten wir ins Jahr 2020, zu dessen Beginn wir gleich einen weiteren Ritterschlag erlebten. [eyd] wurde von der Freedom Business Alliance aufgenommen, einem wichtigen Zusammenschluss aus Organisationen, die sich für Opfer von Menschenhandel einsetzen. Wir steckten uns weitere Ziele für die nächsten Monate: Zum einen wollten wir gern den Shop um eine Schmucklinie erweitern. Zum anderen den Schritt nach draußen wagen und außerhalb von Indien weitere Organisationen suchen, die wir unterstützen konnten. Wir begaben uns in Planungseifer, hatten bereits Kontakt zu einem möglichen sozialen Produktionspartner in Nepal aufgebaut. Dann kam Corona.

Die Pandemie war für den Modeeinzelhandel sowie alle, die mit dranhingen, ein heftiger Schlag. Als die Läden infolge des Lockdowns schließen mussten, waren einige unserer Händler gezwungen, umgehend ihre Bestellungen zu stornieren oder auf zunächst ungewisse Zeit zu vertagen. Auch von unserem Atelier in der Gaisburg aus durften wir nicht mehr verkaufen. Noch schlimmer traf uns aber, dass sämtliche Großveranstaltungen abgesagt wurden. Fast monatlich verkauften wir auf Designmessen, Festivals und bei anderen Events unsere Sachen, diese Einnahmequelle versiegte komplett. Es kamen auch keine Anfragen von Unternehmen mehr, die sonst gern ein paar Dutzend oder Hundert Shirts auf einmal für ihre Veranstaltungen bestellten.

Damit nicht genug: Indien verhängte eine strikte Ausgangssperre für seine über 1,3 Milliarden Einwohner, das Land war für Monate fast vollständig stillgelegt. Wir hatten gerade noch die erste Hälfte unserer Sommerkollektion empfangen, doch der Rest lag noch nicht fertiggestellt in der geschlossenen Werkstatt. Selbst wenn Europa zur Normalität zurückfinden würde, konnte es sein, dass uns eine halbe Saison fehlen würde, wenn nicht mehr. Und wer wusste, wie lang dieser Ausnahmezustand andauern würde? Mit unseren Rücklagen konnten wir jedenfalls keine Pause von mehreren Monaten ausgleichen.

Okay, ich kannte Krisen mittlerweile gut genug und fühlte mich abgehärtet. Das Risiko des Scheiterns gehörte eben dazu, wenn man einem Traum folgte – oder einfach nur ein Unternehmen bestreiten wollte. Nur das hier, das war etwas anderes.

Ein paar Tage drehte sich mein Kopf wie wild und das Schlafen fiel mir schwer, dann wurde es ruhiger in mir. Ich besann mich auf meine alte Überzeugung: Wenn es unser Projekt geben sollte, dann würde es auch jetzt weitergehen. Aber wenn es nach einigen Monaten unmöglich sein sollte, die Sache verantwortlich weiterführen zu können, wollte ich dafür bereit sein und es mir eingestehen. Eine Jahrhundertpandemie wäre schließlich nicht gerade ein Anlass zum Schlussmachen, für den man sich schämen müsste.

Genau in diese Zeit fiel auch noch unsere Entscheidung, dieses Buch zu schreiben. Die Planungen dafür liefen schon länger, doch wir wollten die Arbeit daran just beginnen, als überall die Grenzen dichtmachten. Noch genau erinnere ich mich an das erste Konzeptgespräch, das ich ungefähr mit den Worten einleitete: „Jetzt, wo wir auf Messers Schneide stehen, eine Geschichte über ein Unternehmen zu schreiben, von dem wir nicht wissen, ob es nächstes Jahr noch existieren wird, ist nicht nur riskant, es ist völlig bescheuert, oder?" Lennart stimmte mir zu. – Also fingen wir an.

Und während ich mich durch mein bisheriges Leben arbeitete und erzählte, begann sich die Situation zu entspannen oder zum Guten hin spannender zu werden. Sehr schnell zeigte sich, dass wir in der

Fair-Fashion-Welt nicht allein dastanden. Statt dass jeder sein eigenes Klagelied sang, hielt die Szene auf bewegende Weise zusammen. Wir Labels tauschten uns viel untereinander aus und machten mit den Händlern gemeinsame Krisenpläne. Letztere entzerrten ihre Kalender, verschoben ihren Sommerschlussverkauf nach hinten und so bekamen auch wir als Hersteller Luft.

Gleichzeitig riefen wir die Community zur Unterstützung auf und bekannten ganz transparent, dass wir sie brauchten. Es gab eine regelrechte Solidaritätsbewegung für die öko-fairen Marken und kleinen fairen Läden. In den bei uns eingehenden Bestellungen entdeckte ich viele bekannte Namen. Wie vielleicht zum letzten Mal bei der Verleihung der Goldenen Bild der Frau spürte ich einen enormen Rückhalt von denen, die unsere Sachen trugen. Diese Signale beseitigten auch die letzten Zweifel, die seit der Neugründung zurückgeblieben waren, ob noch jemand an unsere Anliegen glaubte. Es war den Leuten ganz offenbar nicht egal, ob es uns nächstes Jahr weiterhin gab oder nicht.

Dank der starken Unterstützung konnten wir die Ausfälle in den anderen Bereichen über unseren Onlinehandel ein gutes Stück ausgleichen. Während viele mit Hamsterkäufen von Toilettenpapier beschäftigt waren, brachten wir dennoch unsere zusammengeschrumpfte Kollektion an Frau und Mann. Wir begannen als Team daran zu glauben, dass [eyd] weiterhin eine Zukunft haben würde, und ließen uns nicht beirren, weiter an unseren Zielen zu arbeiten. Wohin, wenn nicht nach vorn?!

Mir fiel ein, dass ich auf unserer allerersten Indienreise in Mumbai ein kleines Hilfsprojekt kennengelernt und irgendwo in meinem Gedächtnis abgelegt hatte, das ebenfalls befreiten Frauen half und mit ihnen Schmuck produzierte. Ihre Werkstatt befand sich quasi in der Nachbarschaft von Chaiim, auch wenn sie mittlerweile gewachsen und sogar in anderen Ländern vertreten waren. Wegen der Pandemie war die Organisation ebenfalls sehr am Kämpfen und darum überglücklich, als wir anklopften. Für die Startfinanzierung setzten wir auf einer Internetplattform eine Crowdfunding-Kampagne auf. Nach nur vier Tagen hatten wir genügend Unterstützer erreicht und ausreichend

Geld – zum Beispiel in Form von Vorbestellungen – zusammen, um eine erste Charge Schmuckstücke in unser Sortiment aufnehmen zu können.

Als nächstes folgte der Schritt in die weite Welt: Durch die Freedom Business Alliance hatten wir eine karitative Werkstatt in der nepalesischen Hauptstadt Kathmandu kennengelernt, die wie wir Teil der Allianz war. Sie stellte schon länger Kleidung für verschiedene Partner her, war aber froh über einen stetigen und regelmäßigen Auftraggeber. Wir wiederum brauchten einen erfahrenen Partner für die etwas spezielleren Stoffe und Schnitte unserer Kollektionen. Beide Seiten mussten gar nicht lang überlegen, unsere Puzzleteile fügten sich perfekt ineinander.

Noch schöner war, dass wir damit einer der Hauptrouten des Menschenhandels exakt entgegenarbeiteten: Viele Frauen wurden aus Nepal nach Indien gelockt, verschleppt und dort versklavt, nur mit viel Glück wurden sie befreit und landeten in Einrichtungen wie denen unserer Partner. Wenn Keith und Ramona ehemals entführten Nepalesinnen helfen wollten, in ihr Heimatland zurückzufinden, konnten wir jetzt den Kontakt mit unseren neuen Partnern vermitteln und damit eine erste Anlaufstelle für eine sichere Rückkehr, vielleicht sogar einen ersten Arbeitsplatz. Begann hier ein kleines transnationales Hilfsnetzwerk heranzuwachsen?

Natürlich kamen wir auch auf den Gedanken, uns an der so dringlichen Gesichtsmaskenproduktion zu beteiligen. Nur stand bei Chaiim ja alles still. Also machten wir einmal mehr aus der Not eine Tugend und schauten uns in Deutschland um. Auf den Plan trat ein Freund, der eine Druckerei am Rande des Schwarzwalds führt. Er wollte in seinem Heimatort gern ein kleines Masken-Nähprojekt mit Frauen starten, die in den letzten Jahren nach Deutschland geflüchtet und noch immer arbeitslos waren, und suchte einen Vertriebspartner. Innerhalb kurzer Zeit besorgten wir professionelle Nähmaschinen, Stoffe aus feiner Bio-Baumwolle und Gummibänder, engagierten eine Projektleiterin, und nach einer kurzen Einweisungsphase begann die Arbeit:

drei Frauen mit Fluchthintergrund, die endlich Geld verdienen konnten, produzierten Öko-Masken *made in Germany.*

Im Herbst konnte ich meiner eigenen guten Stimmung kaum glauben: Beinahe wäre die Bilanz aus dem ersten halben Jahr unter Corona-Bedingungen durchweg positiv ausgefallen. Ja, es waren harte Monate. Aber wir waren im Vorwärtsgang geblieben und nicht enttäuscht worden. Die Ziele, die wir uns im Januar gesetzt hatten, hatten wir erreicht, und ohne Corona wäre vielleicht sogar zu unserem dritten Geburtstag die berüchtigte Schwarze Null in greifbare Nähe gerückt.

Auch Keith und Ramona waren nicht tatenlos geblieben. Noch wenige Tage vor dem Lockdown waren sie mit der Werkstatt in ein größeres Gebäude umgezogen. Hier konnten sie, als die Ausgangssperren endlich etwas gelockert wurden, die Arbeit glücklicherweise wieder aufnehmen, weil genug Platz war, um die Distanzregeln einzuhalten. So konnten wir im Spätsommer die zweite Hälfte unserer Kollektion noch unter die Leute bringen.

Wie als ein Echo dieses Flows erreichte uns die Anfrage einer der größten Online-Plattformen des Modemarkts, die uns anbot, [eyd] als Marke zu führen und zu bewerben. Ein Angebot, das man nicht ausschlagen kann. Eigentlich. Doch wir steckten als Team die Köpfe zusammen, jeder sollte ehrlich sagen, was er zu dieser Nachricht dachte und ob es uns entsprach – und wir waren uns einig: Zu sehr hatte das Unternehmen den Daumen auf diffizilen Vertragsklauseln, diktierte strikte Vorgaben für sein automatisiertes Lager, ließ zudem eine extrem niedrige Gewinnspanne zu. Wir sagten Nein. Obwohl wir möglicherweise nie wieder etwas von ihnen hören würden.

Das war keine leichte Entscheidung, doch wie schnell ist man korrumpierbar, selbst gegen den eigenen gesunden Verstand; wie gern würde man Kleingedrucktes überlesen, wenn große Namen und große Zahlen winken, zumal in harten Zeiten. Wie schnell spricht man auch von wirtschaftlichen Zwängen, dabei ist am Ende niemand gezwungen, nur aus ökonomischer Notwendigkeit zu handeln. Ich bin sicher, dass mehr Wachstum immer schwierigere Entscheidungen mit sich bringen wird. Es werden aber dennoch Entscheidungen bleiben, *unsere*

Entscheidungen. Entscheidungen, die – wenn wir frei bleiben wollen und keine Sklaven von Profit, Markt oder Erwartungen anderer, selbst wenn sie noch so verlockend aussehen – eines immer verlangen werden: das Vertrauen darauf, dass sich Mut auszahlt.

„Was zählt ist, wofür wir brennen."

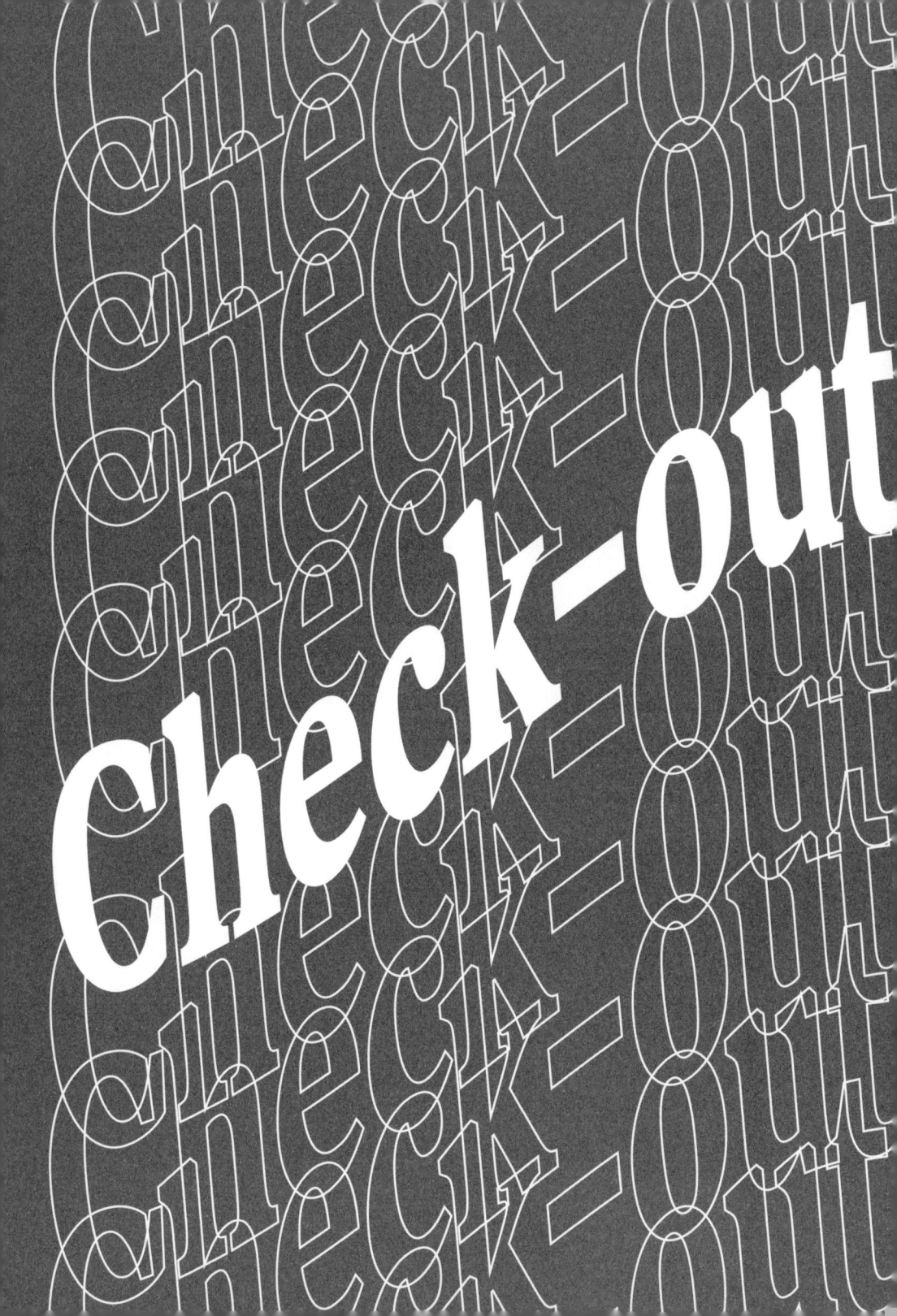

Von brav zu „brave"

Manchmal beginne ich zu rechnen: Da stehen auf der einen Seite ein knappes Jahrzehnt im Modebusiness und, wenn man einmal grob überschlägt, ungefähr der Wert eines Reihenhauses in Stuttgart, den wir in die Arbeit in Indien investiert haben. Auf der anderen Seite haben, Stand 2020, zwei Dutzend Frauen das Programm der Chaiim Foundation seit unserer Zusammenarbeit komplett absolviert und sich eine Existenz aufgebaut. Natürlich hat so eine Rechnung ihre Makel, aber trotzdem: ein Reihenhäuschen gegen 24 Leben – das kann man machen, oder?!

Noch wichtiger als diese Zahlen sind jedoch die Mut machenden Geschichten derer, die befreit werden, Heilung erfahren und ihre Zukunft in die Hand nehmen. Keith sagt: „Diese Mädchen haben so viel Ablehnung erlebt. Sie haben nichts mehr. Aber am Ende eines Tages schaffen sie es trotzdem zu lächeln. Ist das nicht ein Wunder?"

Manche von ihnen feiern zum ersten Mal in ihrem Leben ihren Geburtstag. Ja, zum ersten Mal dürfen sie wissen, dass sie etwas zu feiern haben, und Freunde, mit denen sie feiern können. Es sind mutige Frauen, die es schaffen, wieder einem Mann zu vertrauen und eine Liebesheirat einzugehen, in einem Land, in dem viele Ehen arrangiert werden. Frauen, die Polizistin werden wollen, Krankenschwester oder Sozialarbeiterin, um anderen so zu helfen, wie ihnen geholfen wurde. Frauen, die selbst einen Teil ihres Gehalts für die Befreiung anderer spenden. Wenn man weiß, dass solche Geschichten ihren Anfang in den Projekten unserer Partner nehmen, treten alle Zahlen in den Hintergrund.

Der zweite große Teil meiner Vision, der sich erfüllt hat, ist die Aufklärung. Über die Kommunikation rund um unsere Verkäufe, vor allem aber über den Imprint in den Kleidern und die geteilten Geschichten auf unserer Website kommen mehr und mehr Leute mit den harten Wirklichkeiten anderer Menschen in Kontakt und fangen an, sich Gedanken zu machen.

Dann ist da noch der dritte Teil: Längst gehören wir einer Bewegung für eine gerechtere und umweltverträglichere Textilherstellung an. Viele haben den Schritt zum Start-up gewagt, viele kleine und mittlerweile auch etliche große Marken sind daraus entstanden und gemeinsam machen wir einen enormen Unterschied. Man kann nicht länger ignorieren, dass es auch fair geht! Und es gibt auch kein Kleidungsstück mehr, das nicht auch von irgendwem fair und stylish produziert werden würde.

Der Vogel fliegt, könnte ich heute sagen. Meine Vision hat ihren Weg gefunden und führt ein recht buntes, quirliges, gut vernetztes, ja sogar internationales Leben. Dafür musste ich mich aus der braven Ecke heraustrauen, emanzipieren von Wünschen anderer und mehrfach auf unbekanntes Terrain vorwagen, musste mich auf Begegnungen, Partnerschaften und auf Entscheidungen einlassen, bei denen nie sicher war, ob alles gut gehen würde.

Wie finden Visionen also ihren Weg? Nicht von allein, so viel ist klar. Es ist wichtig, dass wir mutig bleiben! Oder wieder werden. Ich finde nicht, dass, wer Visionen hat, zum Arzt gehen sollte. Sondern am besten geht es direkt zum Kofferpacken und zum Bahnhof oder in die Werkstatt oder in den nächsten Volkshochschulkurs... oder in die Surfschule.

Zum Mut darf außerdem auch gern ein bisschen Wut dazukommen. Mein Ärger wird immer noch groß, wenn ich mal wieder einen Blick in die Statistiken werfe oder irgendeine krasse Doku anschaue und sehe, welche Kreise Menschenhandel auf unserer Welt ziehen darf. Solange die Nachfrage und das Angebot da sind, solange erwachsene, reiche Menschen um den halben Globus fliegen, um Sex mit einem Kind haben zu dürfen, mit einem jungen Mädchen oder Mann oder einer Frau, die in einer gerechten Welt niemals dazu einwilligen würden, und solange es auch nur einen Ort gibt, an dem die Illusion der käuflichen Liebe vermarktet wird – egal ob in Deutschland, Indien oder Thailand; solange müssen sich andere in unserer Gesellschaft um die Opfer dieses Geschäftsmodells kümmern. So einfach ist das.

Auch in der globalen Textilindustrie gibt es noch große dunkle Flecken. Es kocht in mir, wenn ich höre, dass noch immer viele Arbeiter und Arbeiterinnen in Billiglohnländern, die einen „ganz normalen Job" tun wollen, um leben (oder wenigstens überleben) zu können, wie Sklaven behandelt werden. Zum Beispiel in Fabriken in Bangladesch, wo sie – wie mir ein Augenzeuge berichtet hat – jeden Tag auf offenen Lastwagen „angeliefert", mit Maschinenpistolen bewacht werden und Windeln tragen müssen, weil sie ohne Pausen durchschuften sollen. Und das, um Dinge zu produzieren, die „reingewaschen" durch undurchsichtige Lieferketten an uns als ahnungslose Komplizen dieser Sauerei verkauft werden.

Warum gibt es eigentlich kein „Unfair Trade"-Siegel? Warum übernehmen unsere Regierungen nicht konsequent Verantwortung für Artikel 1 unserer Verfassung? Die Würde des Menschen ist unantastbar, hieß es dort das letzte Mal, als ich nachgesehen habe. Ganz zu schweigen von Absatz 2, in dem sich Deutschland bekennt „zu unverletzlichen und unveräußerlichen Menschenrechten als Grundlage *jeder* menschlichen Gemeinschaft, des Friedens und der Gerechtigkeit in der Welt". Man braucht keinen Schrank voller Gesetzesbücher, ein einziger Artikel reicht, um eine To-do-Liste für dringende Veränderungen zu schreiben, die für ein ganzes politisches Leben ausreichen würden.

Ja, man darf wütend darüber sein. Es ist wichtig, dass wir dazu stehen, was wir an Gutem und an Übel von der Welt gesehen und erkannt haben – und davon unsere Leidenschaft wecken lassen. Es braucht nur etwas Mut und man kann die Energie in etwas Positives und vor allem Aktives mitnehmen! Ein bisschen (unschuldiger) Größenwahn und auch Naivität sind dabei manchmal verlangt, sonst hätte ich zumindest mein Projekt nie gestartet.

Ich bin von dem Weg, den ich mit der Idee des Modeprojekts und den diese Idee umgekehrt *mit mir* gegangen ist, einfach begeistert, auch wenn sie mein Leben mehrfach auf den Kopf gestellt hat. Durchhaltevermögen und strapazierende Lehrjahre gehören in der einen oder anderen Form wohl zu jedem Vorhaben. Doch viel größer als alle schweren Erlebnisse ist die Schönheit der Erfahrung, was man alles schaffen kann, wenn man sich einmal entschließt aufzubrechen.

Unsere Grenzen liegen viel weiter draußen, als wir manchmal denken. Es ist so viel Kraft in uns gelegt. Kraft und Fähigkeit zur Leidenschaft. Leidenschaft für Ideen, die die Welt verändern.

Wenn du etwas auf dem Herzen hast, liegt das vielleicht nicht umsonst da. Und auch nicht umsonst bei dir statt bei einem anderen. Darum sei *brave* statt brav. Mutig und auch mal wutig. Ein bisschen Wolf und nicht immer nur Schaf.

Wenn was glüht, mach 'n Feuer draus. Lass uns voneinander lernen, für den richtigen Stoff zu brennen.

Und wer weiß, vielleicht treffen sich unsere Wege einmal? Wenn man losläuft, weiß man nie, in welchem Mosaik man einmal Teil sein wird.

Aber loslaufen —
das lohnt sich.

Anfang.

12 Ratschläge
für Starter

→ <u>Einigkeit im Team.</u>

Egal ob du alleine etwas startest oder bereits Mitstreiter hast, suche nach Gleichgesinnten, die deine Vision teilen, unterstützen und deine Fähigkeiten ergänzen. <u>Stronger together!</u> Vergesst aber nicht, zu Beginn eure konkreten Erwartungen und individuellen Ziele abzugleichen. Auch – und vor allem – wenn ihr Freunde seid.

→ <u>Fang einfach an.</u>

Zögere den Zeitpunkt nicht zu weit hinaus, zu dem du einfach loslegst. Was funktioniert und was nicht, lernst du erst durchs Machen. Klar, es ist wichtig, Vorstellungen von den Aufgaben und Kosten zu haben, die auf dich zukommen. Aber wenn die Praxis kommt, sind Businesspläne schnell passé. Noch wichtiger ist darum ein finanzieller und ein mentaler Puffer, um alles Unplanbare abfedern zu können.

→ <u>Erlaube dir Fehler.</u>

Der größte Fehler ist es, erst gar nichts zu wagen, weil man Angst hat, Fehler zu machen. Auch mit hohen Idealen wirst du nie alles „richtig" und es allen recht machen können. Mach dir das (besonders als

Harmoniemensch oder Perfektionist) einfach bewusst und erteile dir die Erlaubnis, die eine oder andere Enttäuschung auszuteilen – auch dir selbst gegenüber.

$\longrightarrow$ __Weisch' Bescheid.__

Gründest du ein eigenes Business, dann kenne deinen Markt und die anderen Unternehmen in deiner Branche – und das, was dich wirklich von ihnen abhebt. Teil eins fällt uns oft leicht, Teil zwei erfordert viel ehrliches und genaues Hinsehen, denn es ist nicht selten eine Auseinandersetzung damit, was uns wirklich antreibt.

$\longrightarrow$ __Mach kluge Werbung.__

Viele Starter verkünsteln und verbasteln sich anfangs an ihren Ideen oder schönen Inhalten. Tolle Ideen und Produkte allein reichen aber nicht aus. Die Welt muss davon erfahren! Auch wenn manchen diese Begriffe abschrecken, du brauchst eine Marketing- und PR-Strategie. Finde die Kanäle mit der größten Reichweite für dich und setze dein schönes Material, egal ob Print oder digital, klug und effizient ein.

$\longrightarrow$ __Pragmatismus ist kein No-go.__

Verträge, Registrierungen, Steuern, Versicherungen... Lass dir von manchem komplizierten oder drögen Alltagsgeschäft nicht den Spaß an deinen Ideen nehmen. Es lohnt sich, sich einen gesunden Pragmatismus zuzulegen, wenigstens in einer Hirnhälfte. Dann kann man in der anderen entspannter träumen und groß denken. Und wenn Zahlen oder Paragrafen nicht dein Ding sind, suche dir Leute, auf die du dich in diesen Bereichen verlassen kannst.

⟶ Kritik für dich verwenden.

Auch Kritiker gibt es immer und überall – und selten wird Kritik nett und konstruktiv formuliert. Versuche sie nicht zu persönlich zu nehmen und filtere das für dich Sachdienliche heraus. Dann ist Kritik ein wertvolles Feedback, das dir hilft, eine neue Perspektive einzunehmen und innovativ zu bleiben.

⟶ Trau dir Durchhaltevermögen zu.

Harte Zeiten gehören zu jedem mutigen Unterfangen, aber in Krisen kannst du auch erleben, wie viel Kraft in dir steckt. Oder wie es Eleanor Roosevelt einmal zum Ausdruck gebracht haben soll: „Eine Frau ist wie ein Teebeutel – du wirst nie herausfinden, wie stark du bist, bis du mal in richtig heißem Wasser hängst."[26]

⟶ Leidenschaft heißt nicht Selbstaufgabe.

Ohne die Bereitschaft, Anstrengungen auf sich zu nehmen und die Extra-Meile zu gehen, würde vieles nur ein Traum bleiben. Deine Opferbereitschaft sollte aber nicht bis zur Selbstaufgabe reichen. Wenn du langfristig mit Leidenschaft dabeibleiben willst, ist eine gute Balance existenziell wichtig.

→ **Wartezeit ist Reifezeit.**

Es hängt zu einem großen Teil von uns ab, ob uns Zeiten frustrieren, in denen es nicht vorangehen will. Ob wir nur in der Warteschlange stehen, den Blick zerknirscht auf den Boden gerichtet, oder ob wir die Zeit nutzen, nach rechts und links zu schauen, durchzuatmen, neue Eindrücke zu sammeln, uns zu informieren, Bekanntschaft mit anderen Wartenden zu machen, uns offen zu halten für Überraschungen.

→ **Lass andere an dich glauben.**

Teile deine Erfolge und deine Niederlagen ehrlich mit Freunden und deiner Community. Denn manchmal geht dir die Kraft aus und du verlierst den Glauben an dein Projekt. Dann können andere helfen, die etwas emotionalen Abstand haben, und dich darauf hinweisen, was du alles schon aufgebaut hast.

→ **Im Zweifel: Machen!**

Als Pionier musst du oft schwierige Entscheidungen treffen, Chancen und Risiken abwägen, unbekannte Wege beschreiten. In Fällen des Zweifels würde ich dir aber immer zuerst zum Abenteuer raten. Manches Wagnis entpuppt sich dann als weit weniger riskant als angenommen. Sorgen entstehen oft nur im Kopf. Und du wirst später eher bereuen, was du <u>nicht</u> getan hast, als das, was du einfach gemacht hast, egal mit welchem Ergebnis.

Nachwort
von Ramona Dsouza

Betrachtet man einen Schmetterling genauer, so kann man angesichts seiner Schönheit doch einfach nur staunen, oder? Aber hast du schon einmal über die Reise dieses Schmetterlings nachgedacht, über die dunkle Welt im Inneren des Kokons, die Erfahrung, als Raupe herumzukriechen, und den Überlebenskampf?

Ein Leben innerhalb der Chaiim Foundation kann man sehr gut mit dem Leben eines Schmetterlings vergleichen. Wir leben dafür und lieben es zu sehen, wie junge Frauen, die Menschenhandel überlebt haben, sich öffnen, aufblühen, langsam Farbe und Flügel bekommen. Bei Chaiim helfen wir ihnen, ihre traurige und schmerzhafte Vergangenheit hinter sich zu lassen, und bereiten sie auf eine bessere Zukunft vor.

Vor mittlerweile neun Jahren traf ich eine sehr enthusiastische, aufgeweckte junge Frau, die mit einem Funkeln in ihren schönen Augen bereit war, sich uns auf unserer Reise anzuschließen. Ihr Name ist Nathalie Schaller. Sie half uns nicht nur, indem Sie uns mit Aufträgen versorgte und somit Arbeitsplätze schuf, sondern auch, weil sie von Beginn an unbeirrbar an unsere Arbeit glaubte. Immer werden wir daran denken, wie die Vorsehung uns als gleichgesinnte Menschen zusammenführte.

Lilly, wie wir sie als Freunde nennen, verfolgt mit [eyd] eine leidenschaftliche Vision und wir sind tief überzeugt, dass sie diesem

Unternehmen ein besonderes Leben einhaucht. Ich habe die Ehre und das Vergnügen, sie bei ihrer Reise zu begleiten. Es war wahrlich nicht immer einfach, immer wieder gab es Hindernisse zu bewältigen und schwierige Zeiten durchzustehen, aber diese Zeiten halfen uns zu wachsen und sind schließlich sogar zu einem Buch gemeinsamer Erfahrungen geworden.

Ich wünsche mir, dass Nathalies Geschichte jene erreicht, die zu träumen wagen und etwas verändern wollen, und sie dazu inspiriert, ihre Träume mit Leidenschaft zu verwirklichen.

Ramona Dsouza
Chaiim Foundation Mumbai

Die Reise zu deinem großen Traum verändert dich. Die Reise selbst ist es, die dich darauf vorbereitet, das zu erreichen, wozu du geboren wurdest. Und bis du dich entschließt, deinen Traum zu verwirklichen, wirst du das Leben niemals so lieben, wie du es willst.
— Bruce Wilkinson[27]

Wenn du noch mehr wissen möchtest

[eyd] und seine Partner

[eyd] – Humanitarian Clothing GmbH (Stuttgart)
[eyd] ist ein öko-faires-humanitäres Modelabel mit einer besonderen Mission: Empower your dressmaker!
https://eyd-clothing.com

Chaiim Foundation (Mumbai)
Die Chaiim Foundation hat sich der Rehabilitation von Opfern von Menschenhandel, insbesondere Zwangsprostitution, verpflichtet. Ihr Motto: „One life at a time".
https://chaiimfoundation.org/

Chaiim Humanitarian Clothing (Mumbai)
Das Sozialunternehmen der Chaiim Foundation: Hier erhalten Überlebende und Gefährdete von Menschenhandel und Zwangsprostitution eine fair bezahlte Anstellung als Näherin in einem geschützten und liebevollen Umfeld.
https://chaiimfoundation.org/chaiim-humanitarian-clothing/

Purnaa (Kathmandu)
Purnaa ist ein Social Business in Nepal, das fair bezahlte Arbeitsplätze und nachhaltiges Empowerment für Frauen bietet, deren Vergangenheit von Ausbeutung geprägt war.
https://www.purnaa.com/

Made for Humanity e.V. (Stuttgart)
Der Verein Made for Humanity e.V. unterstützt Betroffene aus Zwangs- und Armutsprostitution in Stuttgart auf dem Weg in ein selbstbestimmtes Leben.
http://madeforhumanity.org/

Andere Initiativen, die sich über Unterstützer/-innen freuen

Gemeinsam gegen Menschenhandel
Hier handelt es sich um ein offenes Bündnis von Organisationen und Initiativen, die sich in Deutschland gegen Menschenhandel einsetzen. Es befasst sich mit Aufklärungsarbeit,

Prävention, Opferhilfe und -schutz sowie der Verbesserung der juristischen Rahmenbedingungen.
https://www.ggmh.de

IJM Deutschland
Die International Justice Mission (IJM) kämpft weltweit gegen Sklaverei und Gewalt gegen Menschen in Armut. Schwerpunkt der Arbeit sind Ausfindigmachen und Befreiung von Opfern, Strafverfolgung der Täter und Stärkung der Rechtssysteme.
https://ijm-deutschland.de/

Kampagne für Saubere Kleidung
Die Kampagne für Saubere Kleidung ist eine Nichtregierungsorganisation, die sich für Rechte der Arbeiter und eine Verbesserung von Arbeitsbedingungen in der internationalen Textil- und Bekleidungsindustrie und in der Sportartikelindustrie einsetzt.
https://saubere-kleidung.de

Lightup Germany
Das Ziel von Lightup Germany ist es, junge Menschen auf die weltweite Verbreitung von Menschenhandel und Arbeitsausbeutung sowie sexueller Ausbeutung und auf die Missstände in der Prostitution in Deutschland aufmerksam zu machen.
https://www.lightup-movement.de/

Micha-Initiative
Eine weltweite Kampagne, die Christinnen und Christen zum Engagement gegen extreme Armut und für globale Gerechtigkeit begeistern möchte: Das Netzwerk engagiert sich unter anderem dafür, dass die Nachhaltigkeitsziele der Vereinten Nationen (SDGs) umgesetzt werden.
https://micha-initiative.de/

Bücher

Carina Angelina / Stefan Piasecki / Christiane Schurian-Bremecker (Hrsg.): Prostitution heute. Befunde und Perspektiven aus Gesellschaftswissenschaften und Sozialer Arbeit. Baden-Baden 2018.

Jana Braumüller / Vreni Jäckle / Nina Lorenzen / Lena Scherer: Fashion Changers – Wie wir mit fairer Mode die Welt verändern können. München 2020. (Die Fashion Changers kombinieren Spaß an fairer Mode mit einer kritischen Auseinandersetzung zur herkömmlichen Fashion-Industrie.)

Gary Haugen / Victor Boutrons: Gewalt – die Fesseln der Armen. Berlin 2015. (Worunter die Ärmsten dieser Erde am meisten leiden – und was wir dagegen tun können.)

Gregg Hunter / Gary Haugen: Freiheit für Linh: Die riskante Undercover-Operation zur Rettung aus Kinderprostitution und moderner Sklaverei. Brunnen Verlag, 2. Aufl., Gießen 2013. www.brunnen-verlag.de (mit vielen Hintergrundinfos zur Arbeit von IJM)

Thomas Schirrmacher: Menschenhandel: Die Rückkehr der Sklaverei. Holzgerlingen 2018. (Thomas Schirrmacher klärt auf, dass Deutschland Umschlagplatz Nummer eins für die Ware Mensch in Europa ist, zeigt aber auch auf, wie jeder einzelne helfen kann.)

Dokumentationen und Filme

Call + Response (2008)
Dokumentarfilm von Justin Dillon, der veröffentlicht wurde, um Einblicke in das globale Geschäft des Menschenhandels zu geben und Aktionen gegen Menschenhandel zu unterstützen.

Human Trafficking (Spielfilm, 2005)
Aufregender Einstieg ins Thema: Vier junge Frauen und Mädchen unterschiedlicher Herkunft werden Opfer von Menschenhandel und Gegenstand einer weltumspannenden Undercover-Rettungsaktion.

Indiens ungewollte Töchter (2012)
Was eine Tochter für eine arme Familie in Indien bedeutet – und über das Phänomen des Mädchentötens. Reportage von Markus Lanz, Vanessa Nöcker und Rosi Gollmann. (frei verfügbar auf YouTube)

Nefarious: Merchant of Souls (2011)
Einschneidender Dokumentarfilm von Benjamin Nolot, der mit Material aus 19 verschiedenen Ländern tiefe und schockierende Einblicke in die Menschenhandelsindustrie zeigt. (frei verfügbar auf YouTube)

Period. End of Sentence (2018)
Bewegender Kurzfilm über die Tabuisierung der Menstruation in der ländlichen Gesellschaft Indiens und über das revolutionäre Pad Project. Oscar für Regisseurin Rayka Zehtabchi für den besten Kurzdokumentarfilm 2019. (frei verfügbar auf YouTube)

The life cycle of a T-shirt (2017)
Erschreckende Zahlen: Der Weg eines Baumwoll-T-Shirts in sechs Minuten. Von Angel Chang.
(frei verfügbar auf YouTube)

Tausche T-Shirt gegen Hoffnung (2020)
Ein Dokumentarfilm von Jonathan Ziegler und Sarah Dorne mit Geschichten aus einer faireren Welt, voller Hoffnung und Inspiration, um die Welt ein bisschen besser zu machen.
https://tausche-t-shirt-gegen-hoffnung.de

The True Cost – Der Preis der Mode (2015)
Die wahren Geschichten hinter unserer Kleidung: Andrew Morgans Film legt offen, wer den wirklichen Preis in der globalisierten Textilwirtschaft zahlen muss.

Endnoten

[1] Fulbert Steffensky, Feier des Lebens, © 2012 Verlag Herder GmbH, Freiburg i. Br.

[2] *Swell* steht im Englischen für die Dünung (auch Schwell), also die an der Küste anlaufenden Wellen, die wesentlich für einen guten Surfspot sind.

[3] Aus: Gary Haugen / Gregg Hunter: Freiheit für Linh. Die riskante Undercover-Operation zur Rettung aus Kinderprostitution und moderner Sklaverei, Brunnen Verlag, 2. Aufl., Gießen 2013. www.brunnen-verlag.de

[4] Alle Namen von Überlebenden, die wir in diesem Buch erwähnen oder deren Geschichten wir erzählen, sind zum Schutz der Personen geändert. Gleiches gilt für weitere Angaben, anhand derer man die betroffenen Frauen zu leicht identifizieren könnte – sowie für Personen, die aufgrund ihres beruflichen Engagements gefährdet sind.

[5] Deutsches Komitee für UNICEF e.V. 2013: Kinder- und Menschenhandel – Ursachen, Folgen, Prävention. www.unicef.de/blob/9040/738969704c9f7772d6ea80d78ce7b516/i0081-kinderhandel-2013-pdf-data.pdf

[6] United Nations Office on Drugs and Crime (UNODC): Global Report on Trafficking in Persons 2018. www.unodc.org/documents/data-and-analysis/glotip/2018/GLOTiP_2018_BOOK_web_small.pdf

[7] Nach Informationen der International Justice Mission: www.ijm.org/

[8] Nach Informationen der Kampagne Saubere Kleidung (https://saubere-kleidung.de/fast-fashion/) und des Ministerium für Umwelt, Klima und Energiewirtschaft Baden-Württemberg (https://www.baden-wuerttemberg.de/fileadmin/redaktion/m-um/intern/Dateien/Dokumente/2_Presse_und_Service/Publikationen/Umwelt/Nachhaltigkeit/Themenheft_Textil.pdf)

[9] Inka Reichert: „Fast Fashion", auf quarks.de vom 6. Dezember 2019. www.quarks.de/umwelt/kleidung-so-macht-sie-unsere-umwelt-kaputt/

[10] So setzen sich die Kosten eines T-Shirts bei [eyd] zusammen: eyd-clothing.com/blogs/news/preistransparenz-was-kostet-wie-viel

[11] Unter anderem auch in Texten der englischen Bibel: "My days are swifter than a runner; they fly away without a *glimpse* of joy." "When he is at work in the north, I do not see him; when he turns to the south, I catch no *glimpse* of him." (Buch Hiob 9,25 und 23,9; zitiert nach: New International Version of the Holy Bible. International Bible Society. 2005. www.biblica.com/bible/)

¹² Zahlen aus: Dirk Schubert: Der größte Slum Asiens: Dharavi (Mumbai) – Von Fehlschlägen der „Sanierung" zum Modellprojekt? In: Stadterneuerung Jahrbuch 2009. Hrsg. v. Uwe Altrock, Ronald Kunze et al. Arbeitskreis Stadterneuerung an deutschsprachigen Hochschulen Institut für Stadt- und Regionalplanung der Technischen Universität Berlin, 2009. S. 101f. www.hcu-hamburg.de/fileadmin/documents/Professoren_und_Mitarbeiter/Dirk_Schubert/JB09-Dharavi.pdf

¹³ Bis heute ist IJM ein wichtiger Partner für unser Unternehmen und eine der beeindruckendsten Arbeiten, die ich in der Bewegung gegen Menschenhandel kenne. IJM Mumbai hat nach eigenen Angaben seit dem Jahr 2000 über 900 Kinder und Frauen aus Zwangsprostitution befreit (www.ijmindia.org/sex-trafficking). In Kambodscha hat die Organisation durch ihren beharrlichen Einsatz wesentlich dazu beigetragen, dass das Land nahezu frei wurde von der profitgetriebenen sexuellen Ausbeutung von Kindern: „Gemeinsam mit lokalen Behörden haben wir 500 Betroffene von Menschenhandel und Zwangsprostitution befreit. Eine Studie belegt, dass über den Zeitraum unserer Projektarbeit bis 2013 die Anzahl der Fälle, in denen Kinder verkauft wurden, drastisch abgenommen hat. Schätzungen zufolge sind heute nur noch 0,1 Prozent der Prostituierten im Land unter 15 Jahre alt. Ein großer Erfolg! Im Jahr 2000 wurde die Anzahl der Minderjährigen unter den Prostituierten auf 15 bis 30 Prozent geschätzt" (ijm-deutschland. de/unsere-arbeit/kambodscha). In einem persönlichen Gespräch hob IJM hervor, dass neben den Befreiungen von Betroffenen auch die Täter konsequent strafrechtlich verfolgt wurden, was ein wichtiges Signal gegen die Straffreiheit sendet. Zudem verfolgt die lokale Polizei heute zuverlässig Fälle, sodass auch die Gesellschaft ihr Vertrauen in die Beamten zurückgewinnt und aufgrund der stärkeren Sensibilisierung durch Hinweise bei den Ermittlungen mithilft.

¹⁴ Zahlen in diesem Kapitel orientiert an: Ana Rios: Frauen in Indien – planet wissen online vom 16.07.2020. www.planet-wissen.de/kultur/asien/indien/pwiefraueninindien100.html

¹⁵ Die Idee für unseren Gründungsclaim „Love sells" stammte von unserer langjährigen Freundin, Begleiterin und Model Amy.

¹⁶ Als Lookbook bezeichnet man einen stimmungsvoll gestalteten Kollektionskatalog, der Händlern wie Kunden vor allem Lust auf die einzelnen Teile machen soll.

¹⁷ Abschlussbericht Runder Tisch Kindesmissbrauch. Hrsg. v. Bundesministerium der Justiz, Bundesministerium für Familie, Senioren, Frauen und Jugend und Bundesministerium für Bildung und Forschung, Berlin 2012. www.bmfsfj.de/blob/93204/2a2c26eb1dd477abc63a6025bb1b24b9/abschlussbericht-runder-tisch-sexueller-kindesmissbrauchdata.pdf

¹⁸ Der Gynäkologe Wolfgang Heide spricht in seiner Untersuchung von bis zu 150 Euro pro Tag, in manchen Quellen bin ich aber auch auf höhere Angaben gestoßen. Vgl. Heide, Wolfgang: Stellungnahme zur öffentlichen Anhörung zur „Regulierung des Prostitutionsgewerbes" im Ausschuss für Familie, Senioren, Frauen und Gesundheit im Deutschen Bundestag am 06. Juni 2016. www.trauma-and-prostitution.eu/2016/06/05/stellungnahme-von-wolfgang-heide-facharzt-fuer-gynaekologie-und-geburtshilfe/

[19] Siehe: Carina Angelina / Stefan Piasecki / Christiane Schurian-Bremecker (Hrsg.): Prostitution heute. Befunde und Perspektiven aus Gesellschaftswissenschaften und Sozialer Arbeit. Baden-Baden 2018, S. 13.

[20] Siehe u. a. Stuttgarter Nachrichten vom 6. April 2018: www.stuttgarter-nachrichten.de/inhalt.paradise-prozess-bordellbetreiber-schreibt-grusswort-im-bildband-der-hells-angels.663d721a-41ae-46f2-95ee-cd58542d8a16.html; sowie den Artikel „Paradise (Bordell)" auf Wikipedia: de.wikipedia.org/wiki/Paradise_%28Bordell%29.

[21] In einem Interview im Dokumentarfilm „Nefarious: Merchant of Souls" (Exodus Cry 2011, DVD sowie auf http://nefariousdocumentary.com/). Zitat von den Autoren aus dem Englischen übersetzt.

[22] Im ZDF in der Dokumentation „Bordell Deutschland": www.zdf.de/dokumentation/zdfinfo-doku/bordell-deutschland-milliardengeschaeft-prostitution-102.html

[23] Muhammad Yunus: Banker to the Poor: Micro-Lending and the Battle Against World Poverty. New York City 2003, S. 249 (Zitat von den Autoren aus dem Englischen übersetzt) Originalzitat: "When we want to help the poor, we usually offer them charity. Most often we use charity to avoid recognizing the problem and finding the solution for it. Charity becomes a way to shrug off our responsibility. But charity is no solution to poverty. Charity only perpetuates poverty by taking the initiative away from the poor. Charity allows us to go ahead with our own lives without worrying about the lives of the poor. Charity appeases our consciences".

[24] Frederick Buechner: Wunschdenken: ein religiöses ABC. Zürich 2007, S. 15

[25] Für tiefere Einblicke lohnt es sich zum Beispiel, den bewegenden Kurzdokumentarfilm „Period. End of sentence" anzuschauen (Stand 2020 frei verfügbar auf Netflix oder Youtube).

[26] „A woman is like a teabag. You never know how strong it is until it's in hot water." In: Alex Ayres (Hrsg.): The Wit and Wisdom of Eleanor Roosevelt. New York City 1996, S. 199. (Zitat von den Autoren aus dem Englischen übersetzt).

[27] siehe: Bruce Wilkinson: The dream giver: Following Your God-Given Destiny. Multnomah 2009, S. 76.

Alle Internetquellen zitiert nach Stand August 2020

Die Autoren

Foto: Michael Colella

Nathalie Schaller wird 1984 in Böblingen als erstes von zwei Kindern geboren und wächst im Großraum Sindelfingen auf. Der Lebensweg der Anwaltstochter scheint zunächst vorgezeichnet: Abitur, Jurastudium in Tübingen, Referendariat in Stuttgart – Kanzlei des Vaters? Nein, statt eine Karriere als Volljuristin zu verfolgen, entscheidet sie sich, eine Auszeit zu nehmen – und lernt bei einem halbjährigen Aufenthalt in Australien und Kambodscha Opfer von Menschenhandel kennen. Zusammen mit Ehemann Simon und einer Münchner Modedesignerin beschließt sie, zu helfen. Sie gründen „das erste humanitäre Modelabel Deutschlands" Glimpse und helfen im indischen Mumbai, eine karitative Werkstatt aufzubauen. Die Arbeit setzt Nathalie, mittlerweile ausgezeichnet mit der Goldenen Bild der Frau, seit 2017 mit dem Social Business [eyd] sowie als Vorsitzende des Vereins Made for Humanity e.V. fort. Heimat ihres Unternehmens sowie ihrer heute vierköpfigen Familie ist Stuttgart.

Lennart Will, 1986 in Sachsen geboren, wuchs bei Chemnitz auf, verbrachte eineinhalb Jahre in Brasilien und studierte Germanistik, Politologie, verschiedene Sprachen sowie Friedens- und Konflikt-forschung. Seit 2009 ist er als freier Redakteur, Lektor und Autor in Süddeutschland unterwegs – spätestens seitdem dialektal gänzlich unzurechnungsfähig, im geschriebenen Wort aber zu Hause. Nathalies Modelabels Glimpse und [eyd] begleitete er von Stapellauf an als Freund und „Haustexter". Heute arbeitet Lennart hauptberuflich an der Schnittstelle von Gestaltung, Text und Kommunikation im atelier 522 am Bodensee und schreibt in solcher Freizeit, die er nicht in Berg-welt, Boulderhalle oder Kino verbringt, an satirischen Rundbrief-Essays und einer Post-mortem-Aphorismensammlung. „Der Stoff, aus dem die Freiheit ist" ist seine erste Buchveröffentlichung.

... sagen Danke

Danke! Liebe Eltern, für eure Hilfe und eure Bereitschaft, mit mir zu lernen und zusammen neue Wege zu gehen. Simon, dafür dass du mich spinnen und fliegen lässt und mir dabei Rückenwind gibst. Ramona und Keith, für euer langjähriges Vertrauen und euren unermüdlichen Einsatz für die Frauen. All meine Freunde, ohne eure Unterstützung und Bestätigung wäre ich nicht die, die ich heute bin (ich kann hier nicht alle namentlich aufzählen, aber ich hoffe, *du* fühlst dich angesprochen). Dem [eyd]-Team, dafür dass ihr tagtäglich Unmögliches möglich macht! Und den *mates* von Made for Humanity e. V., dafür dass ihr eure Freiheit und Freizeit nutzt, um für die Freiheit anderer einzustehen! Danke allen Wegbegleitern, Käufern, Spendern, Multiplikatoren: Ohne euch wäre diese Geschichte so nicht geschrieben worden! Ihr treibt den Motor an und tragt Hoffnung in die Welt. Und schließlich danke ich all jenen, die offen sind, *brave* statt brav zu sein, sich inspirieren lassen, sich unserer Bewegung anschließen – oder selbst eine starten.

— **Nathalie**

Allen Brüdern und Freunden, die ein offenes Ohr für mich hatten, an feierlichen wie mühevollen Tagen. Ralf für seine ganz besondere Motivation und intensive Begleitung. Den Brüdern und Helfern im Gut Ralligen für ihre Gastfreundschaft und Unterstützung. Uli & Deborah für ermutigende Worte und offene Türen. Dem atelier 522, das mir den Rücken freigehalten und das Buch dadurch mit ermöglicht hat. Dem adeo Verlag für das Vertrauen in unsere Pioniergeschichte, unserer Lektorin Sarah für ihre Scharfsicht und alle Arbeit. Meinen Eltern, die mir nahegebracht haben, aufrecht durchs Leben zu gehen. Nathalie, danke für diesen weiteren Mosaikstein auf unser beider Wegen!

— Lennart

© 2021 adeo Verlag in der SCM Verlagsgruppe GmbH
Dillerberg 1, 35614 Asslar

Best.-Nr: 835291
ISBN 978-3-86334-291-3

Lektorat: Sarah Koller
Coverfoto: Michael Colella
Fotos im Bildteil: Mathis Leicht, Michael Colella, Lea Barnowsky, Nathalie & Simon Schaller
Gestaltung: Simon Schaller
Satz: Uhl + Massopust, Aalen
Druck und Verarbeitung: Print Consult GmbH, München

www.adeo-verlag.de